成功 vs 失败

完美甜点

制作书

黄东庆　徐军兰
姜志强　高珮容　著

舒芙蕾、泡芙、马卡龙、巧克力、塔与派、饼干……
搅拌、打发、入模、烘烤、装饰，每个步骤都不马虎！

辽宁科学技术出版社
·沈阳·

黄东庆

中国台湾首屈一指的烘焙大师，曾获新加坡FHA国际烘焙大赛金牌、永纽杯国际点心烘焙竞赛金牌，现为皇后烘焙厨艺学院负责人，各大专院校烘焙讲师、各大烘焙坊技术顾问、各大烘焙竞赛评审长，培养出众多顶尖烘焙技术人才，亦为各大国际竞赛冠军得奖者指导老师，擅长以精确的制作注入独特的创意，演绎出完美精致的法式甜点。

 经历

2016 平溪在地生活 & 经营管理讲座——五星饭店与皇后烘焙行销管理策略专题讲师

2016 德明财经科技大学——门市创新创业与营销策略 专题讲师

2016 年马偕医护管理专科学校——校外实习生竞赛 评审

2016 年淡江大学 EMBA 硕士专班——创意 & 创新管理 专题讲师

2016 年德明财经科技大学——奢侈品牌与超跑精品之解析 专题讲师

2015 年淡江大学 EMBA 硕士专班——领导与团队解析 专题讲师

2015 年淡江大学商管学院管理科学系——谋略、策略、战略 专题讲师

2015 年淡江大学商管学院管理科学系——学业、创业、服务业 专题讲师

2014 年台北海洋技术学院——WCM 世界巧克力大师解析 专题讲师

2014 年中国台湾政治大学 EMBA 顶尖讲堂 授课讲师

2014 年世界顶级巧克力品牌介绍 & 世界巧克力大师 竞赛解析

2013 年万能科技大学——天然老面和培育与运用 烘焙讲师

2013 年世界杯巧克力大师竞赛亚太地区选拔赛 中国台湾代表队

2013 年台北海洋技术学院——展店经营全方面销售讲座 专题讲师

2012 年万能科技大学——分子烘焙甜点蛋糕课程 烘焙讲师

2012 年新加坡 FHA 国际烘焙大赛皇后领队 1 金牌 1 银牌

2012 年台北海洋技术学院——究极巧克力工艺奥义讲座 专题讲师

2011 年法国巴黎世界杯巧克力大师赛 亚洲代表队

2011 年世界杯巧克力大师竞赛亚太地区选拔赛 中国台湾代表队

2011 年新北市八里乡十三行博物馆烘焙教学皇后 烘焙讲师

2011 年崇仁医护管理专科学校 40 周年创意烘焙竞赛 赛前讲师

2011 年崇仁医护管理专科学校 40 周年创意烘焙竞赛 评审长

2011 年第十届 GATEAUX 杯蛋糕技艺竞赛皇后领队蛋糕卷组亚军

2011 年第十届 GATEAUX 杯蛋糕技艺竞赛皇后领队巧克力工艺亚军

2010 年新加坡 FHA 国际烘焙大赛皇后领队 1 银牌 1 铜牌

2010 年第九届 GATEAUX 杯蛋糕技艺竞赛皇后领队慕斯组亚军

2010 年崇仁医护管理专科学校——烘焙产学合作教学课程 教学讲师

2009 年中国台湾高中职健康烘焙创意竞赛 评审

2009 年台北海洋技术学院——烘焙美学专题讲座 专题讲师

2009 年庄敬高级职业学校——烘焙美学专题讲座 专题讲师

2009 年稻江高级护家职校——烘焙美学专题讲座 专题讲师

2009 年马偕医护管理专科学校——烘焙技术示范研习会 研习讲师

2009 年第八届 GATEAUX 杯蛋糕技艺竞赛皇后领队慕斯组亚军

2008 年永纽杯国际点心烘焙竞赛皇后领队金牌及银牌

2008 年新加坡 FHA 国际烘焙大赛皇后领队 1 银牌 5 铜牌

经历

2007 年新光三越集团烘焙推广班 推广领队

2007 年大成商工 & 皇后烘焙技术交流皇后 领队

2006 年新移民文化节中秋大月饼制作 领队

2006 年台湾大学 & 皇后烘焙技术交流 皇后领队

2005 年台北市立福安国民中学 烘焙班老师

 现任

皇后烘焙有限公司负责人

皇后烘焙厨艺学院负责人

台北海洋技术学院餐管系讲师

鱼缸手烘咖啡馆烘焙技术顾问

天母帕奇诺咖啡馆烘焙技术顾问

幸福亲轻食咖啡馆烘焙技术顾问

崇仁医护管理专科学校荣誉烘焙技术顾问

维娜斯法式甜点手作坊烘焙技术顾问

学历

淡江研究所管理科学经营所博士班

淡江研究所 EMBA 管理科学所硕士

HACCP 食品危害分析证书

食品检验分析技术士证明书

大同大学推广教育咖啡大师国际证照班结业

新西兰基督城

Wilkinson's English School

Aspect Education Center

Avonmore Teriary Academy——Haspitality Food Safety

英国 City&Guilds 国际咖啡证照

美国 Silicon Stone Education Inc.

Barista 饮料国际证照

Bartender 吧台国际证照

Tea & Specialist 茶艺国际证照

Certified lounge——Bar drofessional 吧台专业师国际证照

日本东京制果学校短期研习班结业

法国蓝带厨艺学校——日本代官山分校短期班结业

徐军兰

 现任 台北海洋技术学院
餐饮管理系主任

 学历 中国台湾海洋大学
水产食科所硕士

 专业领域 餐旅概论、葡萄酒概论、饮料与吧台管理、饮料调制、餐旅专题、餐饮服务业绩效管理、饮料管理

 专业证明 中餐烹调乙级、烘焙乙级、调酒丙级、CHS、CHDT 等 22 项

姜志强

 现任 皇后烘焙厨艺学院烘焙讲师
台北海洋技术学院餐饮管理系专任老师

 经历
经国管理暨健康学院食品卫生科
远东国际饭店点心房副主厨
新东阳西点部技师
马可波罗面包部技师
日本东京制果学校短期研修班
HACCP 食品危害分析证书
烘焙食品——西点蛋糕面包乙级证明书
2016 年马偕医护管理专科学校——校外实习生竞赛评委

2011 年崇仁医护管理专科学校 40 周年创意烘焙竞赛示范讲师
2010 年第九届 GATEAUX 杯蛋糕技艺竞赛慕斯组季军
2009 年第八届 GATEAUX 杯蛋糕技艺竞赛慕斯组季军
2008 年圣诞节蛋糕大赛亚军
2008 年永纽杯国际点心烘焙竞赛银牌

高珮容

 现任 Cup'o story 手作塔皮点心主厨兼负责人

 经历
兰雅中学烘培班
日本京都精华大学——卡通漫画专业
蛋糕工房 zizi（日本）
草莓工坊点心坊副主厨（中国台湾）

目录

Chapter 1 制作甜点必备的材料与工具

Chapter 2 START! 甜点的基础篇

Chapter 3 甜点基础程序的常见问题与解决方法

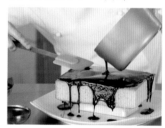

Chapter 4 这样做不失败！超完美甜点制作

饼干 *Cookie*

蛋白饼 *Meringue*

千层酥饼 *Napoleon*

目录

布丁与舒芙蕾 *Pudding & Soufflé*

常见的问题与解答 Q&A

Q1 为什么焦糖煮后会变成硬块，而不是液体状呢？
Q2 为什么烤布蕾表面的焦糖会焦黑？
Q3 为什么烤出来的布蕾裂开？
Q4 为什么烤好的布蕾软烂不成形？
Q5 为什么烤出来的米布丁太焦？
Q6 为什么烤熟的焦糖布丁，焦糖和布丁都混在一起了？
Q7 为什么烤好的布丁，表面坑坑洞洞很难看？

泡芙 *Puff*

常见的问题与解答 Q&A

Q1 泡芙材料不能凝结成团，该怎么办？
Q2 为什么烤好的起酥片膨胀变形？
Q3 为什么烤出来的泡芙很小或是歪斜不正？
Q4 为什么法式泡芙的馅料都流出来？
Q5 为什么烤好的泡芙都焦掉了？
Q6 为什么泡芙一出炉就扁掉，膨胀不起来了？
Q7 为什么烤好的泡芙又大又扁？

塔与派 *Tart & Pie*

常见的问题与解答 Q&A

Q1 杏仁内馅无法混合均匀怎么办？
Q2 为什么塔皮容易烤到裂开？
Q3 为什么塔皮面团太软烂无法成形？
Q4 为什么派皮不容易烤熟，或吃起来太厚不容易咬？
Q5 面团不小心擀得太薄而裂开怎么办？
Q6 为什么烤好的派皮底部焦黑？
Q7 为什么烤好的派皮厚薄不均匀，形状也不完整？

圣诞甜点 *Christmas Dessert*

常见的问题与解答 Q&A

Q1 为什么烤好的国王烘饼表面没有
　　光泽，或表面烤焦？
Q2 为什么国王烘饼烤后变形？

常见的问题与解答 Q&A

Q1 面皮如果破掉了，该怎么办？
Q2 为什么法式苹果卷卷皮气孔
　　太大？
Q3 为什么法式苹果卷的外皮吃
　　起来很干？
Q4 为什么苹果内馅太湿？

巧克力 *Chocolate*

本书使用说明 Instruction for use

● **必备材料**

列出每一款甜点必备的材料与分量。

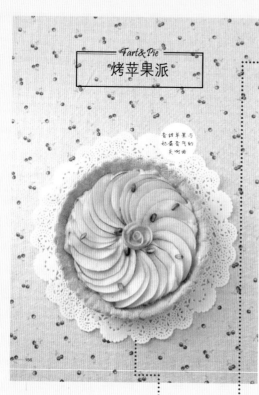

Tart&Pie
烤苹果派

看烘苹果与奶蛋香香的美丽曲

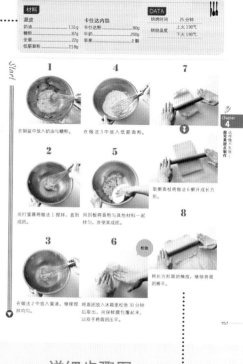

材料				DATA	
派皮		卡仕达内馅		烘烤时间	25分钟
奶油	131g	卡仕达粉	80g	烘焙温度	上火 190℃
糖粉	87g	牛奶	200g		下火 190℃
全蛋	22g	苹果	2颗		
低筋面粉	218g				

Start

1 在铜盆中放入奶油与糖粉。

2 用打蛋器将做法1搅拌，直到成团。

3 在做法2中放入蛋液，继续搅拌均匀。

4 在做法3中放入低筋面粉。

5 用刮板将面粉与其他材料一起拌均，并使其成团。

6 松弛 将面团放入冰箱里松弛30分钟后取出，用保鲜膜包覆起来，以双手将面团压平。

7 取擀面杖将做法6擀开成长方形。

8 将长方形面团横放，继续将面团擀平。

Chapter 4 这样做不失败！超完美甜点制作

156   157

● **甜点写真**

精美的甜点写真图片。

● **详细步骤图**

每一种甜点都有详细的步骤图解与说明，只要照着步骤做，保证零失败！

DATA	
烘烤时间	25分钟
烘焙温度	上火 190℃ 下火 190℃

……→烤箱设定的烘烤时间。

……→烤箱上下火的温度。

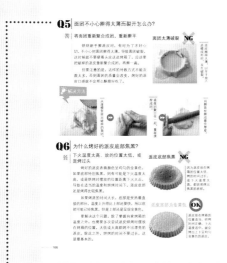

Q5 面团不小心擀得太薄而裂开怎么办？

答 将面团重新聚合成团，重新擀平

Q6 为什么烤好的派皮底部焦黑？

答 下火温度太高，放的位置太低，或是烤过头

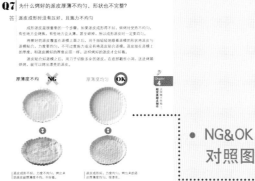

Q7 为什么烤好的派皮厚薄不均匀，形状也不完整？

答 派皮成形时没有压好，且施力不均匀

• NG&OK 对照图

甜点制作正确与错误图片对照，一看就知道的失败和成功范例。

• 制作甜点常见 Q&A

本书点出了制作甜点最容易发生失败的问题与最容易犯错的地方。

• 解决方法

针对最容易失败的关键步骤，提出解决方法。

• 基本材料名称

制作甜点必备的基本材料名称。

低筋面粉让甜点吃起来松软，高筋面粉让甜点吃起来有嚼劲

面粉 Flour

制作甜点最常使用的是细砂糖

糖 Sugar

• 材料 Q&A 解说

想要做出好吃的甜点，使用的材料很重要，本书将针对初学者经常问的材料问题，做详细解说。

制作甜点必备的
材料与工具

甜点不仅是味道甜蜜、色彩诱人的烘焙点心，更是
创意与美丽的料理艺术作品，其细致、多层次的制
作手法，全仰赖丰富多变的材料与工具。

好吃的甜点需要添加好的材料，而美丽的甜点需要
多样工具辅助制作完成。在这一章节，我们就来认
识制作甜点常见的工具和材料。

面粉

Flour

面粉是甜点的基本材料，选择优质的面粉能提升甜点口感，而制作过程中掌握面粉特性的技巧，则是制作甜点成功的关键。

低筋面粉让甜点吃起来松软，高筋面粉让甜点吃起来有嚼劲

甜点的种类繁多，但基本的组织及结构，都是以面粉为基础，尤其是低筋面粉，是制作甜点的主角。因为多数甜点重点在于呈现其酥脆或松软的口感，而筋性较低的低筋面粉，可以呈现此特点。

但制作甜点也不只会使用到低筋面粉，一部分甜点也可能使用到高筋面粉，例如在本书中介绍的法式苹果卷，使用的就是高筋面粉，取其筋性高、延展度高，能将苹果卷卷起成形。

常见的问题与解答 Q&A

Q1

制作甜点使用的手粉是哪一种？

答 | 甜点的组织体是由低筋面粉制作出来的，但是制作甜点过程中，如果需要使用到手粉，就要使用高筋面粉，这是因为高筋面粉筋度较高，不容易和低筋面粉的面团产生粘黏，所以适合用来当作手粉。

Q2

为什么烤好的甜点吃起来有一粒一粒的结块？

答 | 因为一开始没有过筛面粉。制作甜点使用的面粉，无论是低筋面粉还是高筋面粉，都要过筛，这样面粉才能与其他材料充分混合在一起。除了面粉之外，其他所有粉类材料也一定要过筛，只有使甜点面团成形时所加入的手粉不需要过筛。

Q3

为什么甜点面团成形后会变硬？

答 | 甜点面团成形过程中会加入高筋面粉作为手粉，有的人会因为担心面团粉黏不好成形，而加入过多手粉，结果就会使得面团变硬，甚至改变面团质地，这样做出来的甜点就会失败、不好吃。

糖

Sugar

蔗糖制作而成的砂糖，也可以使用各种风味糖，增添香气。

糖不仅是提供甜味的调料，更是绝佳的天然保湿剂。一般制作甜点使用的是

制作甜点最常使用的是细砂糖

制作甜点一般是使用细砂糖来调味、调制焦糖。糖的作用不只在于调味，糖也是保持甜点湿度的保湿剂，能使甜点吃起来较柔软湿润。除了细砂糖之外，有时候制作甜点也会使用糖浆、海藻糖，或是颇受女性欢迎的枫糖。至于装饰甜点，通常是使用如细雪般的糖粉。

常见的问题与解答 Q&A

 Q1

如果不喜欢太甜，制作甜点时可以减糖吗？

答 做甜点可以减糖，但是做好的成品口感会比较硬，而且也比较干，这是因为糖不只有调味的功能，还具有保湿和柔软甜点基础结构的效果。除此之外，糖本身的香气也是呈现甜点整体美味的重要角色。所以制作甜点可以减糖，但是和不减糖的成品绝对是不一样的。

像是需要打发鸡蛋或鲜奶油的甜点，例如蛋糕，就尽量不要自行减糖制作，因为糖的分量多寡，会影响打发的成功度和稳定度，添加过少或过多的糖，都会使要打发的鸡蛋和鲜奶油打不起来，或是打好又容易消泡。

此外，例如焦糖烤布蕾这种需要呈现焦糖金黄色的甜点，一旦减糖，就完全做不出效果，所以需要呈现焦糖颜色的甜点，最好还是不要减糖制作。

 Q2

制作甜点的糖需要过筛吗？

答 制作甜点多使用白砂糖，在搅拌过程中会慢慢与其他材料混合，不会结块，所以制作甜点使用的糖是不需要过筛的。但如果是最后装饰甜点使用的糖粉，容易结块，就需要过筛再使用。

油脂

Fat

油脂是使甜点口感顺滑、增添香气不可或缺的材料。一般甜点使用的是奶油，主要取其浓郁的奶香，且高温烘焙时稳定度也较高。当然，制作甜点也可以使用其他油脂替代，只是风味和口感没有奶油佳。

油脂能使甜点柔滑，充满香气

油脂的作用主要是使甜点吃起来润滑、柔软。油脂分为固态油脂和液态油脂两种，而制作甜点通常使用熔点在 38 ~ 42℃的固态油脂。使用时需先置于室温，熔化至手指能顺利戳进去的柔软度。我们在本书中所使用的油脂是固态奶油，其香气和滑润度，最适合用来表现甜点的柔滑口感。

常见的问题与解答 Q&A

制作甜点时可以减少奶油用量吗？

答 | 制作甜点时最好不要自行减少奶油用量，因为奶油的香气是甜点的灵魂，而且奶油的添加也会决定甜点的质地和口感。制作甜点时减少奶油的用量，会造成以下几种状况：

❶ 做饼干的面团打不发，做好的饼干就会太硬实。

❷ 使蛋糕类的甜点面团打不发，不会蓬松柔软。

❸ 做派皮、塔皮时，如果奶油添加得不够，烘烤好的派皮或塔皮就会很硬，也没有香气。

❹ 做酥饼类的甜点，如果奶油加得太少，就不会有多层次、酥脆的口感。

奶油可以用其他油脂取代吗？

答 | 天然奶油是制作甜点的首选，因为它的香气能充分呈现甜点香甜的特色。如果想要使用其他油脂来取代奶油，当然也不是不可以，但是做好的甜点风味一定会有所不同。由于奶油本身价格比较高，市面上也有一些贩售甜点的商家，会用化学酥油来取代奶油，这样做出来的甜点"看"起来也和使用奶油做的甜点差不多，但口感大不同。

基础材料 4

鸡蛋 egg

制作甜点时选择新鲜的常温鸡蛋为最佳

如果鸡蛋不新鲜，蛋白有可能打不发。制作甜点需要用的鸡蛋质量要把好关，因为鸡蛋可以说是甜点材料的灵魂，其蛋香气是甜点美味的关键，而其黏着性和发泡特质，则是扮演甜点基底稳定度的重要角色。

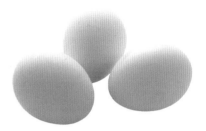

鸡蛋是制作甜点的重要材料，它不仅能提供甜点香气，而且也是很好的凝固剂，例如制作布丁。鸡蛋也是很好的膨胀剂，使甜点面团蓬松柔软。在甜点里添加鸡蛋，也能增添营养。

常见的问题与解答 Q&A

Q1 为什么鸡蛋加入奶油后打不均匀？

答 奶油是油脂，而鸡蛋里面含有水分，两种材料质地不同，混在一起会产生油水分离的现象，所以如果直接全部加在一起，很容易搅拌不均匀。

因此，如果制作甜点过程中，有需要将奶油和鸡蛋一起搅拌的步骤，可以把鸡蛋液分几次加入奶油当中，打匀后再加一点，分次慢慢打，就可以把两者搅拌均匀。

Q2 蛋白打发不起来怎么办？

答 蛋白打发不起来可能有几个原因，需要先检查到底是什么原因打发不起来。

❶ 鸡蛋没有先回温。从冰箱里取出的鸡蛋应该先放在室温下回温，这样蛋白才能打发。如果冬天室温太低，蛋白也有可能打发不起来，这时候可以把蛋白放在钢盆里，隔着约50℃的热水搅拌，稍微升高鸡蛋的温度就可以打发。但记得温度也别太高，以免把鸡蛋煮熟。

❷ 糖加得太多。糖是碳水化合物，分解后会产生水分，水分就会使蛋白打发不起来。

Chapter 1 制作甜点必备的材料与工具

15

鲜奶油

Cream

鲜奶油在制作甜点时主要用途是装饰以及增加风味，经过打发后的鲜奶油呈固态，可以塑形、挤花、固定装饰食品。鲜奶油也可以和其他材料一起搅拌，作为甜点的基底或带来口味变化。

鲜奶油是甜点基础材料，也是装饰材料

鲜奶油是制作甜点时重要的基础材料和装饰材料。例如制作慕斯类甜点时，鲜奶油就是甜点的主角，而制作烘烤蛋糕、饼干类甜点时，鲜奶油就是美味与增添华丽感的装饰材料。动物鲜奶油本身是天然的食材，可以安心食用，它是从牛奶中提炼出来的，能增添甜点的香气，并且提供甜点必要的油脂。

常见的问题与解答 Q&A

Q1

挤好的鲜奶油塌下来怎么办？

答｜鲜奶油是液态的，利用物理方式把它打成固态，这个固态的样貌不好维持，所以打发好的鲜奶油放在室温逐渐塌下来是很正常的现象。解决的办法是，鲜奶油打发好之后，先放入冰箱冷藏一下，让固化的程度更高一点，然后再拿出来挤花或抹面，就不容易塌下来。但记得不要冰得太硬，否则挤不出来。另外，也可以先将鲜奶油装饰在甜点上，再把甜点整个拿到冰箱冷藏。

Q2

觉得鲜奶油很油，想要吃得清爽一点，该怎么做？

答｜由于健康和保持身材的观念当道，再加上有些人对于"奶油"等油脂特别不喜欢，所以希望吃甜点时不要有负担。其实并不难，只要把鲜奶油的量减少一点，以优格取代减少的鲜奶油分量，如此做出来的甜点，吃起来就不会那么油腻。

泡打粉、盐、小苏打粉、吉利丁

（膨胀剂）

（凝固剂）

泡打粉和小苏打粉能使甜点基底蓬松

泡打粉和小苏打粉在与其他液体材料混合过程中，会产生二氧化碳，造成膨胀，经过烘烤定形之后，能让甜点成品膨大柔软，吃起来口感较好。小苏打粉是碱性物质，所以甜点材料里有酸性的液体，例如巧克力甜点，就必须使用小苏打粉来中和以产生气体。

添加少量盐以调整甜点味道

盐的作用主要是调整甜点的口味，使用精制盐即可，通常用量很少，小于甜点成品分量的3%。

加入吉利丁可将液体凝固

吉利丁是一种天然凝固剂，可以把液态的材料固化，是制作甜点时常使用的材料。它的原貌是半透明的薄片，隔水加热后会熔解，便可以添加在需要固化的甜点材料当中。

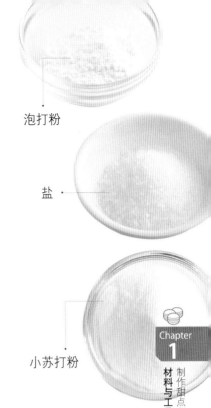

泡打粉

盐

小苏打粉

Chapter
1
制作甜点必备的
材料与工具

吉利丁

常见的问题与解答 Q&A

Q1

吉利丁和寒天有何不同？可以互相取代吗？

答｜吉利丁和寒天都可以用来固化液态材料，两者本质上的差别是：吉利丁是动物性的胶原蛋白，而寒天是天然藻类。吉利丁熔点较低，入口即化，所以使用吉利丁固化好的甜点，吃起来口感比较柔滑。寒天的熔点较高，使用寒天固化好的甜点，吃起来口感比较脆。基本上，使用吉利丁和使用寒天制作出来的甜点是完全不一样的，所以不能互相取代。

Basic Tools 制作甜点的基本工具 »

筛 网

用来过筛甜点的粉类材料，例如面粉、糖粉、可可粉等。粉类材料需要过筛，才不会有结块的情形发生，而且和其他材料能混合得更均匀。

钢 盆

钢盆的作用是用来放置各种甜点材料，也用来混合多种材料。钢盆最好是宽口圆底，底部圆滑无死角，才不会堆积部分材料而影响分量。

打 蛋 器

打蛋器是制作甜点的重要工具，它可以用来将鸡蛋的蛋白打发，以及将甜点材料搅拌均匀。

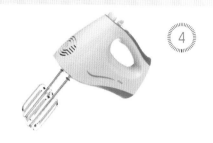

电 动 搅 拌 器

搅拌甜点材料或蛋白，除了使用打蛋器之外，也可以使用电动搅拌器，特别是混合面粉后的材料，搅拌需要较大的力气，可以使用电动搅拌器，不仅省力，而且更能搅拌到甜点面团需要的混合程度或打发程度。

分 蛋 器

制作甜点时常分别使用鸡蛋的蛋白和蛋黄，使用分蛋器对于烘焙新手很有帮助。

量 杯

量杯上面有刻度，依甜点的配方分量取液态材料使用。

电 子 秤
⑦

依据甜点的配方分量取粉类或固态材料时使用。

刮 板
⑧

将甜点面团分割，或将成形好的甜点移到烤盘上等，刮板是很实用的工具。

刀 子
⑨

用来分割烘烤好的甜点，例如饼干、巧克力。

毛 刷
⑩

在制作好的甜点表面刷上糖浆或蛋黄液时使用。

擀 面 杖
⑪

制作派皮或塔皮时，就会使用到擀面杖。

瓦 斯 喷 枪
⑫

制作焦糖烤布蕾时，使用瓦斯喷枪可以迅速将布蕾表面的焦糖烤成漂亮的金黄色。

长 柄 深 锅
⑬

需要加热混合材料，或是熔化奶油、巧克力时，使用长柄深锅就非常方便。

制作甜点的基本工具 》

14

平 底 锅

煎饼皮、千层蛋糕等甜点时，都可以使用平底锅。

15

刨 丝 器

可以将干酪、巧克力或其他水果刨成丝状，便于装饰甜点。

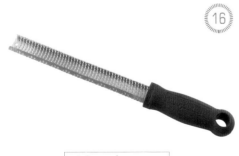

16

削 皮 刀

可以削下水果表皮皮屑，加在烘烤后的甜点上增添香气。

17

烘 焙 纸

甜点放到烤盘之前，先在烤盘上铺一层烘焙纸，再放入烤箱烘烤，可以防止粘黏。

18

烤 箱

烘烤甜点的烤箱没有特别的规格尺寸，尤其甜点体积较小，使用能预热上下火温度的家用小烤箱也可以制作，但记得一次烤的分量不要太多，以免烤不熟，或烤不均匀。

19

旋 转 台

烘烤好的甜点冷却之后，要进一步装饰，可将甜点或蛋糕放置于旋转台上，方便装饰。

⑳

烘 焙 石

通常制作派皮需要用到烘焙石，它的作用是使烤好的派皮平整。将擀好的派皮放入烤箱之前，在派皮上放一些烘焙石，如此烘烤的时候，派皮就不会因为底部受热隆起，导致变形。不过，它不是绝对必要准备的工具，使用上也有点麻烦，因为烘烤好派皮后，还要把烤得滚烫的烘焙石一颗一颗地拿出来，不小心可能烫到。因此，通常我们的做法是在派皮底部戳一些小洞，让热气均匀散出去，如此烤好的派皮也不会变形。

㉑

挤 花 袋 和 挤 花 嘴

制作甜点工具重要的主角，无论是将搅拌好的软面团进一步挤出塑形（例如马卡龙），或是在烤好的甜点里面或表面挤上奶油或巧克力，都需要使用到挤花袋和挤花嘴。

㉒

各 式 烤 模

烤模是制作甜点非常重要的工具，用来塑形，也便于装饰甜点。不同的甜点用不同的烤模，因此市面上可以买到各式各样的烤模。以下介绍常用的烤模。

塔模 制作塔类甜点需要用的烤模，固定塔皮形状，盛装内馅。塔模体积较小，约手掌般大小。

慕斯模 制作慕斯甜点需要用到慕斯模，用来固定软嫩的慕斯，以及内馅配料和装饰。

派模 制作派类甜点需要用到派模，体积较大，像大盘子。将派皮放入派模之前，可以先在派模表面刷上奶油，以便烤好的派皮脱模。

饼干模 饼干模是用来塑形硬式饼干的。将饼干面团取出之后擀平，用饼干模切割成不同形状，就可以放入烤箱烘烤。

增添风味的材料

①

可 可 粉

去除可可脂后的粉状物质。装饰甜点时使用的是无糖可可粉，使用时需过筛。

②

巧 克 力

巧克力可以依需要，制作成不同形状或颜色，用于装饰甜点，并增添风味。

③

蜂 蜜

蜂蜜不但具有甜味，还有特殊的香气，添加于甜点中，能使甜点的味道更加丰富润滑。

④

香 草 荚

将香草荚里面的籽刮除之后，与甜点材料一起煮，能释出独特的芳香气味。香草荚是制作甜点时提升风味的法宝。

⑤

果 酱

作为甜点内馅，可以使用现成果酱，或自行制作手工果酱，与烘烤好的甜点搭配食用，滋味香甜。

⑥

酒

用来浸泡果干，提出水果的气味。不同的甜点可搭配不同的酒，而本书中使用的橙酒，是制作甜点时最常使用的酒种。

装饰材料

水 果

用水果装饰甜点，优点是新鲜营养，缺点是不能长期存放，因此有时会再涂上一层镜面果胶加强其表面亮泽度。

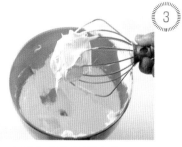

鲜 奶 油

鲜奶油是甜点最常使用的装饰材料，因为它的味道广受喜爱，而且做法也很简单，只要将鲜奶油打发，放入挤花袋里塑出想要装饰的形状即可。

果 干

例如杏仁、核桃等，都是常用来装饰甜点的果干，特色是具有淡淡的核果香气，且味道又不会太浓郁。

彩 色 巧 克 力

烘焙材料店常见的彩色巧克力，不仅色彩缤纷讨喜，而且使用也非常简单，只要将彩色巧克力撒在甜点上，就有画龙点睛的作用。

TIPS

帮甜点加分的装饰材料

用来装饰甜点的材料，特色是要色彩缤纷鲜艳，让人看着甜点，眼睛为之一亮。味道的特色是要香、甜，或是带点天然水果的芳香气味，最重要的是，不能抢了甜点主角的味道。

START！

甜点的基础篇

虽然甜点的变化多样，但是制作甜点的技巧才是变化的关键。在学习制作甜点的时候，这些基本功和注意事项都是必备的。因此，在这一个章节，主要介绍制作好吃甜点的几大关键，以及增加甜点风味的秘诀，帮助大家在制作甜点时，能游刃有余。

甜点种类与特征介绍

Cookie

1. 饼干

饼干是甜点世界里最普遍、最基本的一款。基础饼干是将低筋面粉、糖和鸡蛋混合而成的面团，放入烤箱烘烤完成，而在这个基础面团里加入核果、巧克力、牛奶等材料，就能变化出各种风味。饼干依照配方的不同而有不同的口感，其基础面团分为：脆硬性面团、酥硬性面团、软性面团。例如，美式饼干口感较为松软，是软性面团制作而成；而欧式饼干比较酥脆，是酥硬性面团制作而成。

Meringue

2. 蛋白饼

蛋白饼是法国传统甜点的一种，吃起来口感松脆，质地很轻，拿在手上几乎感觉不到重量。它所使用的材料简单，主要是糖粉和蛋白一起打发，但制作技巧比较有难度，尤其烘烤时必须控制好温度和湿度，以免失败。

蛋白饼可以制作成很大一片，与蛋糕叠在一起，再铺上草莓等水果以及糖浆一起食用。也可以制作成一口大小，双层夹层内由各种口味的慕斯或水果组合而成，变化丰富。

Napoleon

3. 千层酥饼

又称为法式千层酥。千层酥饼是法国传统甜点 Le Mille-feuille，这种饼的做法却是源自意大利的那不勒斯（Naples）。千层酥饼的迷人之处，在于它是由酥皮夹着香甜的卡什达内馅、奶油、果酱，最上方再撒上糖粉，尝起来滋味清新甜蜜。

Pudding & Burnt Cream

4. 布丁与烤布蕾

布丁是深受全世界大小朋友喜爱的甜点，其浓郁的牛奶鸡蛋香气，加上软嫩的口感，搭配底部引人入胜的焦糖甜味，使得它在甜点界成为影响力颇深的家常甜点。以鸡蛋和牛奶制作而成的布丁，不仅香甜，还能补充所需营养。

烤布蕾是17世纪法国厨师所写出来的食谱，后来在英国发扬光大。早期烤布蕾的做法是，用烧红的铁片压在烤布蕾表面的糖上面，使其变成一层金黄色焦糖，这成为烤布蕾的特色，如今则以喷枪炙烧烤布蕾的焦糖。

口感软嫩香甜的烤布蕾大受欢迎的另一个原因就是，其中加入了香草荚，因香气十足的香草味道与牛奶鸡蛋香味融合，成为富有味觉层次的甜点。

Soufflé

5. 舒芙蕾

法式甜点舒芙蕾，中文称为蛋奶酥，它被誉为甜点中优雅的贵族，吃起来像云朵般轻柔，入口即化，不仅美味娇贵，做法难度也较高。

舒芙蕾是由烤好的蛋白霜制作而成，烘烤完成之后膨得像棉花一般，但随着温度逐渐降低，空气流失，会慢慢缩小，也变得没那么蓬松，因此最好在出炉后30秒内品尝，才能享受到最完美的舒芙蕾。

Puff

6. 泡芙

泡芙这种甜点源自16世纪的法国，外皮质地蓬松，内馅有许多变化，传统泡芙包裹鲜奶油、巧克力或冰淇淋，而现代泡芙变化更多，口味也更丰富。

泡芙的制作是先用水、奶油、面粉和鸡蛋，将外皮制作完成，然后用挤花嘴从外皮直接注入内馅，或是将外皮切开夹入内馅，即可完成。

7. 巧克力

象征甜蜜浪漫的巧克力，是全世界恋人们追逐的甜点，它特殊的可可香气以及甜中带点苦味的口感，特别掳获女人心。现在，手工巧克力已经非常盛行，各种口味、形状、风味的巧克力，都各有不同的拥戴者。

手工巧克力分为调温巧克力以及非调温巧克力，主要差异在于其中油脂的含量。调温巧克力内含有天然可可脂，因为可可脂会结晶，所以需要经过调温，才能呈现光亮、硬脆的口感。制作过程需要将巧克力隔水熔化，温度升高再降低，如此才能稳定巧克力成品。

8. 派

派类食物不仅可以作为甜点，也可以作为咸食。在法国，以新鲜蔬果或海鲜制作的咸派，可以作为正餐食用。

派的基本做法是，先将派皮面团做好擀平，放入烤箱内烤好后取出，加入各种内馅之后，再放入烤箱烘烤。还可以直接将内馅放在擀好的派皮上，一起放进烤箱烘烤。

另一种和派类似，但体积较小的甜点是塔。基本上派皮和塔皮是相同面团，只是制作成较小的形状，而且内馅的做法也略有不同。

9. 法式苹果卷

法式苹果卷看起来简单，但非常好吃，是我在设计这些甜点食谱时，坚持要加入的一个品项。它吃起来外酥内香甜，在口齿之间溢满苹果的香气。

法式苹果卷的制作难度较高，首先，必须将面团擀得接近能透光，如此烤好的苹果卷才会酥脆而不硬实。接着，烘焙师需要用一定的技巧，才能用擀得能透光的面团完整地将炒软的苹果内馅包覆起来。这道在法国深受大人小孩欢迎的甜点，也是我个人非常喜爱的。

制作好吃甜点的关键

1 低筋面粉要过筛

制作甜点的低筋面粉一定要过筛，可以避免面粉结块，并且充分包覆空气，使甜点变得蓬松，还能避免面团出筋而导致甜点的口感坚韧。

2 奶油需要放置到软化再加入其他材料中

奶油需要熔化到一定的柔软度，才能充分地和其他材料混合。奶油熔化的程度可以用手指头插入测试，如果手指头可以轻易插入奶油块里面，就表示奶油的熔化程度已经足够，可以使用。

3 所有材料都要搅拌均匀

甜点的口感重细致，不能有结块、颗粒或材料混合不均匀的状况，所以将甜点材料混合时，一定要先确认全部的材料都搅拌均匀。

如果混合的材料比重不同，例如发泡蛋白与低筋面粉混合，需要先放入 1/3 蛋白与低筋面粉搅拌均匀，接着再放入 1/2 蛋白与前面已经混合好的面团拌匀，最后再加入剩余的蛋白与其他面团一起搅拌均匀，千万不要一次全部放进去搅拌。

4 蛋白充分打发

制作某些种类的甜点需要打发蛋白。打发蛋白的程度有两种：一种是湿式发泡；一种是干式发泡。但这种分类无益于说明实际操作，所以我在这里教大家更简单的判断方式。如果蛋白打到拉起来的角度为 30° 的话，就是完成了湿式发泡；如果蛋白打到拉起来的角度为 80° 的话，就是完成了干式发泡。特别需要注意的是，千万别为了求好心切，而持续打发已经达到干式发泡的蛋白，以免打过头，反而使打好的气泡崩塌。

5 饼干和塔派面团需要放入冰箱松弛

制作酥脆口感的甜点时，松弛面团是很重要的步骤，尤其是饼干和塔派，有时还需要松弛 1 天才能取出烘烤。经过松弛后的面团，筋度变得很低，而且材料充分混合，烤好之后就很好吃。

6 隔水加热

有些甜点使用的奶油及巧克力材料需熔化成液态状，必须先放入小钢盆里面，然后取较大的深锅烧热水至 80 ～ 100℃，再把小钢盆放入热水中，利用大深锅里面热水的温度，慢慢熔化奶油和巧克力。若是直接加热，会使这两种材料焦煳，就无法使用了。

7 将打发好的蛋白和低筋面粉混合需注意搅拌方式

打发的蛋白与低筋面粉混合，需要使蛋白充分地包覆低筋面粉，在这个过程中，必须特别注意不能让蛋白消泡，所以将蛋白倒入低筋面粉后，要用塑料刮板由底部往上，慢慢地将发泡蛋白拌入。重复这个动作，直到两者充分混合。记得过程要轻柔，才能避免蛋白消泡，影响成品的口感。

8 将奶油与面粉混合均匀

将奶油与面粉混合均匀，如此做出来的甜点就会柔软且充满香气。混合的方法是，使用塑料刮板，将奶油重复"切"入面粉之中，直到两者充分混合。

9 漂亮脱模

烤好的甜点脱模要漂亮不粘黏，就必须在烘烤之前预先做准备。通常不粘黏的脱模方式有两种：第一种是直接在烤盘上铺上烘焙纸；第二种是预先在烤模上涂上奶油，再撒上高筋面粉。这两种方法都可以避免脱模时粘黏。

Chapter

3

甜点基础程序的
常见问题与
解决方法

甜点烘焙看似华丽复杂多变，其实基本做法是有系统、有条理的，只要厘清这些基本原理和原则，掌握好基本步骤，其实做起来一点都不难。甜点的基本步骤分别是备料、搅拌、入模、烤焙、出炉、冷却脱模、装饰，只要依据前面基本步骤将甜点基础的形态、口感和味道做出来，最后装饰就可以尽情发挥创意。在这个章节，就让我们从甜点基本程序技巧开始，打造不失败的创意甜点！

制作甜点的基础程序

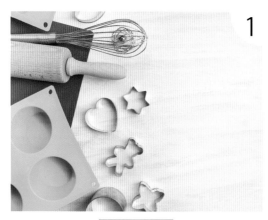

备　料

将制作每一种甜点所需要的材料，依据配方指示的分量准备好。

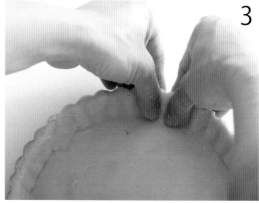

入模及塑形

将制作好的面团放入烤模中定形。

搅　拌

将所有或部分材料一次或分次搅拌，使其充分混合成面团。

烘　烤

将定形或成形好的甜点放入烤箱中烘烤。

制作甜点所需要的基本程序并不难，若能一步一步掌握好，并注意细节，就能做出不失败的甜点。

5

出 炉

将烤好的甜点从烤箱里取出。

7

装 饰

在完成烘烤的甜点上，依据自己的喜好和创意，放上水果、巧克力、饼干等，使其颜色缤纷、形态华丽。

6

脱 模

将取出的甜点置冷后，从模具中倒扣出来。

Finish

TIPS

在家自行制作甜点更美味健康

许多精致甜点都有最佳的赏味时间，例如舒芙蕾，在出炉后30秒内是最佳赏味时间，而在外面购买舒芙蕾无法在这么短的时间内吃到。为了延长保存时间并兼顾商品美观，购买的烘焙甜点难免添加一点食品添加剂，但是自家烘焙甜点通常会立即食用，量较少，就能减免这一类添加剂，也更健康。

① 备料

🧁 甜点不失败的基础从备料开始

甜点制作所使用的材料非常丰富多元，这是因为甜点的种类非常多样，基本面团有可能是乳沫状，也可能是固态面团，再加上甜点需要呈现引人入胜的视觉美味，所以使用的装饰食品也非常多，例如翻糖、巧克力、糖果、饼干等，都是制作甜点常用的材料。尽管如此，基本的甜点制作主要材料还是可以掌握的，一般是面粉、糖、油脂、蛋、牛奶、水及膨胀剂等。

其次的材料用来表现甜点种类和口味，例如可可粉、巧克力、蜂蜜等。

准备甜点的材料很重要，因为这是烘焙甜点不失败的基础，必须依照配方指示将所有材料称好，之后进行其他步骤才能成功。如果备料不对，那就做不出成功甜点的样子，且口感和味道会天差地别。所以备料的时候要以烘焙专用的电子秤，将所需材料一一称好。

TIPS
备料的重量和温度是重点

要能成为甜点的材料，除了购买材料时要注重质量之外，更重要的是要依据配方称好所需要的材料，才能做出完美的甜点。此外，液态材料的温度也会影响甜点制作，最好都要确认是在常温之下，如此就能成功。

Q1 如何判断冰冻的奶油已经熔到可使用的程度?

手指能戳进奶油 **OK**

答丨可以用手戳看看奶油的柔软度是否足够

奶油通常都是冷冻保存,刚从冰箱取出的时候又硬又冰,没有办法备料,需要在室温中放置一段时间熔化才可以使用。也有些配方为了节省时间,会建议用隔水加热的方式熔化奶油,但是完全熔化成液态的奶油并不是甜点所需要的。

手指能轻易戳进奶油里,表示奶油熔化足够,可以备料。

手指不能戳进奶油 **NG**

制作甜点所需要的奶油最佳状态,是呈现固态,但是质地柔软,这样的奶油搅拌时才能与其他材料充分混合,做出最好的面团。

奶油放在室温下熔化,要判断它是否已经能备料,可以用手指戳进去看看,若是容易戳入,代表具有足够的柔软度,可以进行搅拌,即可备料。

手指不能轻易戳进奶油里,表示奶油熔化不够,需要再等待至手指能戳进去的状态。

Q2 哪些材料是需要过筛的?

答丨粉类的材料都要过筛

甜点是所有烘焙食物里最讲究口感细腻的一种,因此从备料开始,就要留意材料的质地,以免做出口感太过粗糙的甜点。

材料质地太粗或是结块,都不能直接拿来备料,一定要经过"过筛"这个程序,才

将粉类材料用筛子筛过,质地更细致

能备料。其中一定要过筛的材料是粉类,例如低筋面粉、可可粉、抹茶粉等。经过筛子筛过后的粉类材料,可以打碎其中的小结块,使粉末更细致。

有时候甜点会添加可可粉、抹茶粉等材料,变化甜点的味道。建议备料时就将这些粉类材料先混合在一起,再一起过筛。这么做的好处是,一开始就把粉类材料混合在一起,会比起分开过筛后再混合更均匀。

Q3 甜点所使用的面粉哪一种比较好？

答 | **制作甜点最常使用的是低筋面粉**

并不是说使用低筋面粉比其他面粉好，而是低筋面粉比较容易呈现出甜点需要的松软、酥脆等口感特质。由于低筋面粉的筋性低，不容易粘在一起，延展性低，所以，饼干、酥皮、塔皮吃起来就会比较酥脆；而高筋面粉或中筋面粉延展性比较高，在制作过程中很容易产生筋性出来，这样，做好的饼干、酥皮、塔皮就不会酥脆。

但所有甜点都是使用低筋面粉吗？当然不是，只是低筋面粉适用于多数甜点需要呈现的口感，如果是要呈现具有延展性口感的甜点，就要使用高筋面粉，例如本书所介绍的法式苹果卷，所使用的就是高筋面粉，这是因为苹果卷的外皮需要薄且延展性佳的特质，低筋面粉反而没那么适合。

Q4 膨胀剂有酵母粉、小苏打粉、泡打粉，应该如何选择？可以不加吗？

答 | **如果配方中需要添加膨胀剂，就应该依照配方的指示添加**

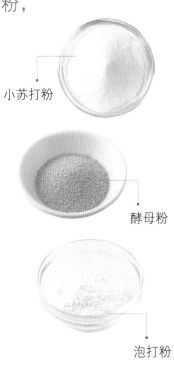

小苏打粉

酵母粉

泡打粉

制作甜点不一定需要使用到膨胀剂，例如布丁、慕斯这类以牛奶为主，诉求口感柔滑的甜点，就不需要使用膨胀剂。通常需要使用膨胀剂的甜点，多是配方中使用到面粉的甜点，例如饼干、蛋糕，使用了膨胀剂之后，面团之间就会充满空气，吃起来口感不会太硬实而难入口。

膨胀剂的种类很多，例如酵母粉、小苏打粉以及泡打粉。酵母粉使用在制作面包上，此外，制作松饼也有一种做法是使用酵母粉。泡打粉常使用于制作蛋糕，使蛋糕吃起来口感松软。小苏打粉多使用在饼干的制作上，可以让饼干吃起来酥脆。多数甜点都是加泡打粉（建议使用无铝泡打粉），但如果配方中有可可粉，则需加小苏打粉，这样可以达到使甜点"保色＋平衡 pH"的效果。

Q5 该如何选择甜点中使用的鸡蛋？

答 | 使用质量优良的常温鸡蛋

影响甜点制作成功的一项因素就是温度，尤其是备料时每一项液体材料的温度，必须是常温，因为在常温之下，每一种材料才能在制作过程中产生适当的物理反应，完成甜点需要的形状和口感、味道。例如蛋白如果冰过，就不容易打发；或是奶油温度太低，放到钢盆里，也会降低其他材料的温度，进而影响甜点制作的成果。

几乎每一种甜点都会使用到鸡蛋，所以鸡蛋的选择很重要。首先，鸡蛋必须是新鲜的，不够新鲜的鸡蛋也可能打发不起来。其次，鸡蛋必须是常温的，最好的鸡蛋是从市场上买回来，还没有冰过的。如果从冰箱取出，就要放置在室温一段时间回温。

Q6 鸡蛋应该以重量为标准，还是以个数为标准？

答 | 家庭烘焙甜点，以个数为标准比较方便

关于备料中的鸡蛋，有些配方会写上个数，有些配方则会写克数，差异在哪里呢？主要是因为每一个鸡蛋的重量不同，烘焙师在写配方时，如果要讲究细致一点，就会以重量为标准。

以鸡蛋的个数为标准来备料主要的原因还是方便简单，毕竟一般在家庭厨房中，要斟酌到蛋黄和蛋白重量是非常烦琐的，不希望因为这么烦琐的小细节，让大家减少了对掌控甜点的信心。另一方面，家庭烘焙甜点的分量也比较少，用的鸡蛋分量也很少，所以用重量或个数为标准来备料，其实差距不大。

② 搅拌

🧁 搅拌出甜点的多层次滋味

搅拌是制作甜点的灵魂，在这个步骤中，所有材料将借由搅拌启动它们在甜点里应有的呈现，例如蛋白要打到产生绵密坚挺的泡沫，奶油要打到发白，粉类材料要搅拌到看不见粉状颗粒等。当材料借由搅拌呈现出最适当的状态时，混合烘烤后就能呈现甜点完美的口感。

搅拌的基本目的是将所有材料混合，或者更进一步将材料搅拌到成团、湿式发泡、干式发泡、呈霜状、呈乳沫状等。如果搅拌这个步骤没有掌握好，那么烘烤的甜点一定失败，口感不佳，甚至也不能成形。

每一种材料搅拌的技巧也不大相同，例如打发蛋白使用的是打圈的方式，而加入面粉使用的是轻轻由下往上拌匀的方式。如果是奶油和糖一起搅拌，就要搅拌到听不见沙沙声，并让奶油颜色变白。依据不同材料在不同甜点扮演的角色，会有不同的搅拌方式。

面糊搅拌完成 **OK**

搅拌完成的面糊，看不见粉状颗粒，且没有大气泡。

Q1 如何判断面糊搅拌完成?

答｜ **要搅拌到看不见粉状颗粒，也没有大气泡出现**

将低筋面粉加入液体材料，有时液体材料中含有奶油、牛奶等较浓稠的材料，面粉在其中不容易化开，会有部分小结块，必须进一步搅拌，才能将面粉与其他液体材料充分结合。因此，在液体材料中添加低筋面粉做成面糊，一定要把面粉充分搅拌到液体材料里，确认面粉均匀混入材料中才行。而判断的标准是：用肉眼看到粉类都没有结颗粒。

另一个判断标准是：看面糊里有没有大气泡。如果还有大气泡，表示面糊搅拌得不够细致，有些粉类材料还没有充分融入液体材料中，这时候要持续搅拌。

如果要进一步使面糊更细腻柔滑，还可以将搅拌好的面糊过筛。过筛面糊时，可以利用筛子将搅拌不够的面粉或是结块的部分分得更细小，而使面糊细致，这样做出来的甜点口感也会更好。

面糊搅拌不成功 **NG**

搅拌不成功的面糊，看得见较大的气泡，而且面粉颗粒清楚可见。

 解决方法

持续搅拌面糊

将看得见的粉状颗粒刮到盆底、搅拌，重复这个动作，直到看不见面粉颗粒。

Q2 如何去除蛋白中的腥味?

答｜ **可以添加几滴柠檬汁，或加入香草精**

一般制作甜点使用的鸡蛋如果是新鲜的，就没有什么腥味，所以多数甜点制作过程中不会有将蛋白去腥的步骤。但如果很讲究甜点香气的呈现，那么就可以用柠檬汁将蛋白除腥。添加柠檬汁的蛋白会有淡淡的柠檬香气，让甜点成品更完美。而除了加入柠檬汁之外，也可以在蛋白里加入一点香草精、香草粉，同样有助于去除蛋白里的腥味，使打好的蛋白带有淡淡的香草芳香，提升甜点的香气。但归根结底，要蛋白没有腥味，最重要的还是选用鸡蛋时必须讲究，材料的质量永远决定成品的质量，选择的鸡蛋质量越好、越新鲜，本身就越没有腥味，这样即使没有添加柠檬汁或香草精，也能做出香气和口感都很棒的甜点。

在蛋白里加入几滴柠檬汁，可以除去蛋白里的腥味。

Q3 为什么蛋白打发不起来？

答 | **鸡蛋冰过或是不新鲜，以及其他技巧性问题**

　　基本上打发蛋白并不难，使用手动打蛋器就可以打发蛋白，但还是有很多人有过蛋白打发不起来的经历，这是为什么呢？

　　其实蛋白打发不起来的原因很多，例如配方不对，糖放太多而蛋白放太少，这样蛋白也很难打发；或是打蛋白的锅里有太多水分，影响蛋白的浓稠度，这样蛋白就难打发；也有可能糖一下子都放进去一起打，结果怎样都打发不起来。

　　除了以上技巧性的问题，基本备料是否完善也会影响蛋白的打发。鸡蛋的质量很重要，必须使用新鲜的鸡蛋，蛋白才容易打发，而且鸡蛋必须没有冰过的，若是使用冰箱里的鸡蛋，要先取出回温才可以使用。

　　只要注意以上一些关键问题，就可以顺利地将鸡蛋打发。

蛋白打发 **OK**

注意鸡蛋的新鲜度、温度，以及其他技巧性的问题，就可以顺利将蛋白打发。

蛋白打发不起来 NG

通常冰冻过的鸡蛋，蛋白很难打发。

Q4 如何打发鲜奶油比较快？

答 | **隔冰打发降低鲜奶油温度**

　　一般用于甜点制作的鲜奶油是动物性鲜奶油，这种奶油水分含量高，必须冷藏保存，如果放在室温下，容易出现油水分离的状况，水分的释出会使得鲜奶油不容易打发。

　　所以当我们在室温下打发发泡鲜奶油时，就要打很久，或是根本打发不起来。要解决这个问题，就要想办法降低鲜奶油的温度，阻止它出现油水分离的现象。

　　我们可以取一个较大的锅，里面放满冰块，将装有鲜奶油的锅放在冰块上，间接降低鲜奶油的温度，再开始用打蛋器将鲜奶油打发，如此，打发鲜奶油就会比较顺利。

取一个大锅，里面放满冰块，再放上加入鲜奶油的锅。

用打蛋器将鲜奶油打发。

如何避免打发的蛋白消泡?

答| 糖不要一次加完,要分次加入

先将蛋白打发到湿式发泡,加入砂糖后,再继续打发到想要的发泡程度。

制作甜点常需要将糖和蛋白一起打发。相信很多人都有失败的经验,就是蛋白怎样也打发不起来,或是打发的蛋白很快就消泡了。如果蛋白消泡,就功亏一篑,不能呈现甜点蓬松柔软的口感,所以蛋白消泡就不能使用。成功地打发蛋白是要将蛋白打到整个都是细致的泡沫、拉起来坚挺,而且不能很快地消泡。

要达到这个目标,就必须注意糖不要一次加完,否则蛋白很难打发,而且打发了也比较容易消泡。这是因为糖是碳水化合物,在分解的过程中会释放出水分,稀释了蛋白的黏性和浓稠度,这样会改变蛋白的质地,影响打发的成果。

正确的做法是,把糖分3次加进去,先将蛋白和糖一起打到大致看起来发泡,再加入第二次糖,等到泡沫打得更细致、湿式发泡时,再加入第三次糖,继续打发到干式发泡,这样打出来的蛋白就会很成功,而且不容易消泡。

打蛋白的正确步骤

Start

先将 1/3 糖和蛋白一起打到看起来大致发泡。

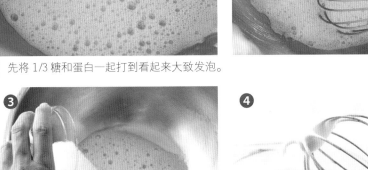

再加入第二次糖,打发到湿式发泡。　　　　再加入第三次糖,打发到干式发泡。

基 础 程 序

③

入模及塑形

🧁 使甜点定形，烤后呈现完美的形状

甜点面团质地松软，而松软的甜点若要制作出各种完美的形状，就必须先放入模具中定形，例如派皮模、塔模、布丁模等。

入模需要注意的重点是，必须将搅拌好的面团擀平、松弛后，再整个覆盖到模具上面，让面团贴附住模具，并且切掉多余的面团，使其形状完整。如果入好模的面团面积很大，也要在面团上戳几个小洞散热，这样才能预防烤好的面团变形。

填入模具后的面团必须连同模具一起放入烤箱烘烤，而不是固定好形状就脱模烘烤。这是因为甜点面团太软容易变形，即使定形好的面团，在烘烤过程中，还是有可能因为重量往下压，以及受热不均等情况而变形。例如国王烘饼用圆形模具切出形状、成形完成后，还是要重新套入模具里烘烤，如此烤好的饼才不会塌陷变形。

TIPS

入模之前需要先在模具内部涂上奶油吗？

早期甜点书会提醒读者，面团入模之前一定要在内部边缘涂上奶油，这样脱模会比较容易。这是因为早期的模具并没有设计不粘功能，质地也没有现在的模具细致，若不事先涂奶油，恐怕脱模时会使得甜点面目全非。现在的模具几乎都有设计防粘黏，所以填入面团之前不需要再涂上奶油，也能轻松脱模。

Q1 模具有不锈钢模、硅胶模、纸模等，该如何选择？

答｜各种模具都可以使用，看个人喜好

早期烘焙甜点使用的模具是以金属材质为主，因为金属最容易导热，而且质地坚硬，可以支撑甜点的形状。后来科技发展，研发出各种耐热又能支撑甜点形状的模具，也不局限于金属材质，例如耐热硅胶模、纸模、陶瓷模等。

耐热硅胶模是近年受欢迎的烘焙模具，它的优点是柔软，可以把模具拉扯折叠脱模，不必敲打，也不必担心粘黏。纸模也具有类似的优点，缺点则是比硅胶模更柔软，不一定能支撑所有甜点面团。陶瓷模通常用于布蕾、布丁的制作，优点是外形美观，可以不需脱模直接呈现甜点。

陶瓷塔模，外形美观，可以不需脱模。

不锈钢派模，能支撑派皮面团，使其定型。

纸模，质地柔软，脱模轻松，不易粘黏。

Q2 倒入面糊时如何防止面糊溢出？

答｜可以使用挤花袋或是汤匙慢慢倒入

将软性面糊倒入模具时，很难将面糊均匀地倒入模具内，烤出来的甜点就会出现东一块西一块，看起来就不是那么完美。

所以，即使是入模这个看似简单的动作，做得细致和不细致，也会影响甜点的成果。

倒入面糊若要完美，就不能拿起锅直接把面糊倒进去，而是要用汤匙一点一点捞进去。不过用汤匙还是有可能在模具边缘粘黏，因此最万无一失的方法，就是将面糊放入挤花袋中，将挤花袋对着模具底部挤出，由底部绕圈圈，慢慢向上填满，最后在中间收起向上拉，这么做就不会使残余的面糊粘黏在模具边缘，烤好的甜点就会非常完美。

将面糊放入挤花袋中，贴着模具底部慢慢绕圈圈向上填满，最后在中间收起向上拉，面糊就不会粘黏在模具边缘。

Q3 如何完美地将面团放入模具当中?

答 | ### 将面团贴附着模具压平,再用刮板去除多余的面团

做好的面团是平面的,而模具是立体的,要将平面的面团借着模具成形。首先,要将整个面团放在模具上面,再顺着模具的形状慢慢下压,贴附着模具边缘,将模具覆盖起来。

覆盖好模具之后,需要进一步用拇指和其他四指的力量,将面团和模具黏合在一起,力度要轻,要维持面团的厚度。这个步骤需要技巧,往往也是影响甜点成功的关键。

将面团和模具贴附好之后,就要用刮板切掉溢出模具之外的面团,这样甜点就完美塑形了。

面团贴附着模具,用手指轻压,让面团和模具黏合在一起。

最后用刮板除去多余的面团。

Q4 为什么烤出来的泡芙会歪掉?

答 | ### 因为挤面糊时没有垂直挤

制作泡芙的基底面糊是糊状,一般我们都用挤花袋来塑形泡芙,挤好之后放入烤箱烘烤,泡芙就会固定成挤花时的形状。如果挤出来的面糊是歪的,那烤好的泡芙也会是歪的。将面糊放入挤花袋之后,记得挤花嘴一定要垂直向下,从烤盘底部将面糊挤出,然后垂直向上拉,最后在中心点快速提拉起来,如此面糊塑形就会正。

另外,挤面糊的范围约 1 元硬币大小,太小的话无法填充足够的内馅,这样做好的泡芙也不好吃。

太歪 **NG** ✕

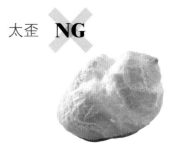

挤面糊收尾没有在正中央,烤好的泡芙就会歪掉。

正常 **OK**

挤面糊垂直挤,收尾在正中央,就会做出好看的泡芙。

④ 烘烤

🧁 烘烤是使甜点美观又好吃的关键

烘烤是甜点成功的一大关键，因为它每一个体积都很小，受热很快，如果烤温和烘烤时间掌握不好，就很容易烤焦。但没烤焦的甜点也不一定好吃，有些甜点只要烤到刚好熟了最好吃，例如舒芙蕾，稍微过熟一点点，严格来说就是失败了。因此，在我个人品尝舒芙蕾的经验中，极少有成功的作品，但一般消费者吃不出来。

甜点又和面包不一样，有没有烤好不能从外观是否呈金黄色来判断，因为不是所有甜点表面都会刷上蛋黄液，而且不同的甜点烤出来的颜色也不一样，例如不同口味的马卡龙或饼干。

所以烘烤甜点要能成功，最好的方法就是依照烘焙师所设计的温度和时间调控好烤箱，并且要不断地记录增减烤温和时间，如此反复练习尝试，就能烤出完美的甜点。

Q1 哪些甜点需要低温长时间烘烤？哪些甜点需要高温短时间烘烤？

答｜ **看烘烤的甜点体积、面积大小**

需要低温烘烤的甜点代表是布丁和布蕾，它不但需要低温烘烤，还需要隔水烘烤，避免一下子温度升太高，破坏了布丁布蕾应有的口感，例如会沸腾而产生很多泡沫，或下层的焦糖太热往上冲破布丁体。

除此之外，烘焙师决定甜点的烤温和时间，主要是从甜点体积、面积大小来判断。举一个最明显的例子，派和塔，其实派和塔所使用的基底面团是一样的，可是派需要烘烤的时间比较久，烤温也比较高。这是因为派的面积、体积较大，如果温度太低，很难烤熟；如果烤的时间太长，会把派烤干而变得不好吃。所以派就需要用高温短时间烘烤的方式。

塔的面积、体积较小，受热快一点，所以温度不能调得太高，否则会一下子就烤焦；因为烤温低，所以烤的时间要拉长一点，才能烤熟。

除此之外，像法式苹果卷体积较大，也需要高温短时间烘焙，至于其他小饼干、马卡龙、舒芙蕾等体积面积较小的甜点，就需要低温长时间烘焙。

要注意的是，高温或低温，长时间或短时间，这是一个比较值，不是绝对值，所以实际上设定的温度和时间，还是要由烘焙师的配方决定。

Q2 同时烘烤数个甜点时，要如何让每一个甜点烘烤均匀？

答｜ **烘烤中途要把烤盘取出，调头，再继续烤**

首先我们要知道，甜点是放在平面烤盘上，而比较靠近烤箱内部的甜点受热比较快也比较多，所以靠近烤箱内部的甜点会比较快烤熟，等到靠近烤箱门的甜点也烤熟了，那么内部的甜点可能已经烤焦了。

所以我们先厘清重点，就是靠近烤箱内部和靠近烤箱门的温度不会一样，无论是大型烤箱还是小型烤箱都有这个问题。因此，要想把每一个甜点都烤得均匀，就要针对这个特性去改善。改善的方法是，我们需要在烘烤中途取出烤盘，把烤盘调头（设定烘烤时间的一半，例如烘烤时间为 30 分钟，那么就是烤 15 分钟后把烤盘调头，再烤 15 分钟），把原本靠近烤箱门的那一面烤盘转到烤箱内部，这样剩下一半的时间就可以把所有甜点都烤均匀了。

同时烤多个甜点

把烤盘放入烤箱时，放进烤箱内部的那一面受热比较多也比较快，所以烘烤中途要取出烤盘调头。

甜点均匀上色

Q3 为什么烘烤好的饼干变形了?

答 | **因为面团没有松弛，或是成形失败**

我们这里所制作的饼干都是硬式面团，需要先将面团擀平，再用刀切成需要大小，或是用模具压出所需形状。基本上成形好的面团形状，就是烘烤后的饼干形状。如果烤好的饼干变形不好看，第一个要考虑的因素一定是没有完成成形，一开始饼干面团就没有切好或压好。

另一个原因就是，饼干面团没有经过松弛。将面团松弛是制作饼干很重要的步骤，这个步骤可以使面团里所有材料充分融合，而且松弛好的饼干面团才算是稳定的面团，质地不会再改变。如果饼干面团没有经过松弛就切出或压出形状，就等于拉扯了面团，结果切好或压好的面团还会缩回去，烤好的饼干也会变形。

因此要预防饼干变形，就是要注意面团要松弛，而且成形要确实。

面团有经过松弛，而且完成成形，烤好的饼干就不会变形。

面团没有松弛或成形失败，烘烤后容易变形。

Q4 为什么有些甜点需要隔水烘烤?

答 | **因为有些甜点不需要太高的温度就能烤熟，若不隔水加热很容易烤失败**

需不需要隔水烘烤，可以大致这么分类，没有添加面粉的甜点比较容易烤熟，这一类甜点需要较低的烤温，否则会烤过头。而有些甜点还不能烤太熟，否则整个固化得太硬实，就会变得不好吃。还有一些甜点不仅不能烤太熟，还不能太快熟，否则口感会变得很粗糙，这种甜点就需要隔水加热，例如布丁、布蕾。

烘烤布丁必须先在烤盘里加水，隔水烤。

布丁追求的是软嫩的口感，所以烤温不能太高，而且绝对不能直火加热。它必须用蒸烤的方式，很慢速地让布丁变熟。因为水可以分散烤箱的温度，烤温会间接分散在水中，再用水的热力熟化布丁，这个过程会比不加水去烤还要慢熟，但是整个布丁会固化得很细致，所以烤好的布丁很软嫩。

Q5 烤甜点时，如果烤箱过热怎么办？

答| 先把烤箱门打开散热，再放入甜点面团或面糊

烘烤甜点之前需要预热烤箱，如果不小心预热过了时间，烤箱温度变得太高，这时候就不能把甜点放进去烤，以免烤温过高把甜点烤焦了。

如果烤箱预热过度，就必须先把烤箱门打开1～2分钟，让烤箱里的温度慢慢降低，再把甜点面团或面糊放进去烘烤，这样才不会把甜点烤过头而变得不好吃。

烤箱预热过头，会把甜点烤过头，而变得焦黑硬实不好吃。

烤箱预热过度时，先把烤箱门打开1～2分钟再放入甜点，这样就能把甜点烤成功。

TIPS

烘烤不同甜点有不同方式

甜点的世界非常大，从质地较硬实的饼干，到较酥松的蛋白饼，乃至于非常细嫩的布蕾，种类繁多，范围非常广泛，所以烘烤需要的重点和技巧也有很大的差异。例如烘烤饼干的时候，就需要较高的烤箱温度，将面团里的水分烤干，呈现硬实的口感；烤蛋白饼的时候，为了避免烤焦，所以烤箱温度需要低一点，烤的时间长一点；烤布丁或布蕾，则要注意隔水加热，因为它们不是直接烘烤烤熟，而是要利用微降温的烘烤方式，慢慢用烤温焖熟。派皮或塔皮和饼干一样，面团厚实，需要高温才能烤熟。另外，如果一次烤很多甜点，就要注意烤箱内侧和外侧的温度差距，烤的过程中要翻转烘烤，这样烤好的每一个甜点就会均匀。

出炉及脱模

出炉及脱模是让甜点完美诞生的重要步骤

依照设定的时间和温度烤好甜点后，接下来就是将甜点从烤箱里取出，静置冷却。若是放在烤模里一起烘烤的甜点，就需要静置冷却后，脱模。

看似简单的步骤，其实还是需要注意一些小细节，例如，脱模时要如何预防甜点变形？如何确认甜点是否熟透可以出炉？若是发现没有烤熟该如何处理？在最后这个甜点基础成形的关键阶段，也是决定甜点是否完美呈现的重要步骤。

一般设定好配方所提供的烤温和时间，都可以烤出成功的甜点。建议可以用一些方法来判断，判断的位置是每一个甜点的中心点，因为中心点是受热最慢最少的部分，如果中心点都熟了，那表示甜点确实都烤好了。可以用筷子或一些工具往甜点表面中心点轻压，如果感觉到湿软，好像工具能沉入甜点里，那就是没有烤好；如果感觉到有反弹的力度，不会自然沉下去，那就是烤好了。

发现甜点没有烤好也无须紧张，只要再把烤盘放回去，继续烘烤即可。

Q1 如果是需要扣出烤模的甜点，该如何避免扣出变形？

答｜ 置凉后再扣出，并且使用工具辅助

像派、塔以及国王烘饼这类放在烤模里一起烤的甜点，出炉之后要从烤模里扣出，就需要先让甜点放置在室温一段时间，利用冷缩的原理，让甜点在烤模里缩一下，这样就比较容易扣出来，也不容易发生粘黏。

出炉后需静置冷却，再倒扣。

如果扣出的过程中还是有粘黏情形，可以使用脱模刀，一手扶着甜点和模具，一手拿着脱模刀，沿着模具和甜点中间轻轻刮动使甜点脱落，再利用甜点本身的重力顺利脱模。

Q2 如何防止脱模时发生粘黏？

答｜ 事先在模具上喷上烤盘油，预防脱模粘黏

几乎每一个人都很担心脱模粘黏的问题，但其实脱模都会有一点点粘黏，只要不影响甜点形状，都是可以接受的，即使脱模时边边角角发生粘黏破损，有些也是可以修边补救的，所以无须太紧张。

当然，因为粘黏而使整个甜点崩坏一半或1/3的情况很少见，除非甜点根本没有烤熟，尤其是中心点没熟，太软烂，而边缘烤好了又粘得太紧，这样脱模时一定失败，使整个甜点破碎。但这并不是脱模失败的问题，而是要回归到上一个步骤，确认甜点烤熟再出炉。

入模前先喷上一层烤盘油，在甜点和模具之间施加一层隔离油，使甜点成品脱模时完好无损。

如果真的很担心脱模时发生粘黏，那么预防脱模粘黏还有一个方法，那就是在入模之前先喷上一层烤盘油。不过烤盘油价格并不便宜，通常我们会使用在结构比较复杂的模具上。

⑥ 装饰

🧁 发挥创意装饰出缤纷的甜点

相信一般人提到"甜点"这两个字，一定会联想到小巧漂亮的形状、色彩缤纷的装饰、很多奶油和巧克力以及糖球等。甜点之所以吸引人，不仅是因为它甜甜香香的，吃起来很美味，更是因为它带给大家惊艳的视觉享受，那些可爱的翻糖花、挤出各种造型的奶油、不同颜色装饰变化等，带给人们梦幻又童趣的体验。

当大家看到那些登峰造极的甜点装饰技艺之后，可能会对甜点装饰有点却步，觉得只有大师才能做出那么细致又美丽的作品。其实不然，现在烘焙店已经供应了许多现成的甜点装饰食品，例如各种糖球、小饼干、各色巧克力、棉花糖等，都可以自由加到自己做好的甜点上，而且打发鲜奶油的技巧只要掌握好，每一个人都可以做出像玻璃橱窗里那么缤纷精致的甜点装饰。

闪电泡芙的各种装饰。

常见的问题与解答 Q&A

Q1 为什么挤好花的鲜奶油会塌下来？

答 | **鲜奶油太稀，挤好了需放入冰箱冷藏**

鲜奶油需要冷藏保存，如果在室温下太久，尤其是夏天，就可能产生油水分离，结果还没打发的鲜奶油打发不起来，而已经打发的鲜奶油又软塌掉了。

所以重点在于温度，必须让鲜奶油维持在一定的低温。已经打发好并且挤好花的鲜奶油，温度已经比从冰箱里拿出来时上升许多，所以很容易塌下来，应该及时放入冰箱冷藏，再把温度降回去，这样就能维持好奶油花的形状，不会塌软。

最上层的奶油塌软了　NG

挤好花的奶油放在室温下，就很容易塌软下来，放在奶油花上面的装饰糖果也会跟着掉落。

奶油维持坚挺　OK

挤好花的奶油应该先放到冰箱里，把温度降低维持固态，再从冰箱取出加上装饰糖果，这样装饰糖果就会固定好。

Q2 如果用新鲜水果装饰，要如何稳固地结合在甜点上？

答 | **水果要沥干，而且要放在鲜奶油上**

几乎所有的甜点装饰材料，例如糖果、巧克力、核果等都是放挤好的奶油上固定住，奶油在甜点里扮演的角色，不只是美味的主角，更是把甜点和甜点装饰结合的黏着剂。

使用新鲜水果装饰甜点，与使用糖果或核果装饰甜点，最大的不同就是新鲜水果含有水分，这和奶油的油是不兼容的，如果新鲜水果没有沥干或擦干，就直接放在奶油上，那么奶油也无法固定住新鲜水果。

如果使用的是糖渍水果，那就不同了，因为糖渍水果表面含糖，有黏性，即使表面有一点糖液，也不会影响和奶油之间的粘黏。

先在蛋白饼上挤出一层奶油，将蓝莓洗净沥干后，再沿着奶油边缘一颗一颗加上去装饰。

将另一片蛋白饼覆盖上去，就完成了奶油蓝莓夹心蛋白饼。

Q3 除了奶油之外，还有什么可以固定住甜点装饰？

答 | **也可以使用巧克力或焦糖固定甜点装饰**

要固定住甜点装饰，除了使用奶油以外，还可以使用巧克力和焦糖。巧克力和焦糖与奶油最大的不同，就是放在奶油上面的装饰还是活动的，可以在奶油上来回滑动，可以使用巧克力和焦糖固定甜点装饰，就像是上了胶一样，真正把甜点装饰品固定住了。

两者用法也不同，放在奶油上的装饰品，是增添奶油风味的，也使得白色的奶油看起来色彩丰富一点。如果要用来制作甜点整体造型的粘黏，就必须使用巧克力或焦糖，就是让甜点这个基础结构稳固，然后再加上奶油等装饰。

把想要做造型的饼干一端蘸上液态巧克力或焦糖，黏附在甜点上，放置等待巧克力或焦糖冷却固化后，就可以将饼干和甜点稳固结合。

将泡芙的一端蘸上熔化的白巧克力。

黏附在做好的酥皮上，置凉后就可以稳稳粘住。

Chapter **3**

甜点基础程序的常见问题与解决方法

Q4 如何使用挤花袋？如何让挤出来的形状很漂亮？

答 | **朝固定的方向挤出，多练习几次**

挤花看起来华丽繁复，对一般读者而言看似很难，但其实并没有很难，因为挤出来的花样变化多在选择挤花嘴时就决定了。从挤花嘴挤出来的奶油和面糊，自然有一定的花样，尤其现在挤花嘴的造型更是多样，所以使用挤花袋挤花更不需要太高的技巧。

使用挤花袋很简单，就是将奶油和面糊舀入挤花袋里，将内容物推挤到前方，先试挤一点点出来，感觉一下多少力度会挤出多宽多长的奶油或面糊，然后正式挤在烤盘或甜点上。

一开始只需要挤出来回的直线就好了，然后力度从开始到结束都要维持固定，最后记得边缘要留点空间。例如挤奶油在饼干上的时候，不要全部挤满，四周边都要留约0.2cm的空间，这样覆盖上另一片饼干之后，才不会把奶油挤出饼干外面。

挤花开始

在饼干上开始挤花，力度要先放轻，以免奶油溢出。

挤花结束

挤花到最后力度也要放轻，在尾端轻轻拉起收尾。

这样做不失败!
超完美甜点
制作

马卡龙、小舟饼、蛋白饼、塔派等,在烘焙坊橱
窗看到形形色色的特色甜点,是否总令你无法移
开视线? 在这一章节,要介绍这些经典款甜点,
让你自己在家也能轻松做出大师级的甜点。

饼干

Cookie

常见的问题与解答 Q&A

薄脆爽口的健康甜点

材料

蛋白	75g	低筋面粉	62g
全蛋	1颗	杏仁片	250g
白糖	135g	奶油	62g

DATA

烘烤时间	12分钟
烘焙温度	上火 170℃ 下火 170℃

搅拌均匀

1

将奶油隔水熔化成液体奶油，备用。

4

将做法3所有材料充分搅拌均匀。

7

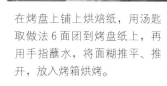

在烤盘上铺上烘焙纸，用汤匙取做法6面团到烤盘纸上，再用手指蘸水，将面糊推平、推开，放入烤箱烘烤。

2

在钢盆中放入鸡蛋（蛋白和全蛋）和白糖，一起搅拌均匀，直到听不到沙沙声。

5

再加入杏仁片。

3

在做法2中加入过筛的低筋面粉。

6

最后加入做法1熔化的液体奶油。

材料

奶油	225g
红糖	180g
白糖	75g
香草豆荚酱	3g
苦甜巧克力	25g
小苏打粉	8g
可可粉	8g
低筋面粉	263g

DATA

烘烤时间	15分钟
烘焙温度	上火 180℃ 下火 180℃

香浓巧克力香，加上酥脆感，一吃停不下来。

巧克力脆饼

变化款

做法

❶ 在钢盆中放入奶油、红糖、白糖、小苏打粉、可可粉、香草豆荚酱，一起搅拌成团。

❷ 苦甜巧克力隔水加热熔化，加入做法 1 中，继续搅拌。

❸ 在做法 2 中加入过筛的低筋面粉，用刮板慢慢将面粉拌入面团中，将面团放入冰箱松弛 3 小时以上。

❹ 用汤匙挖一小球做法 3 面团搓成圆形，蘸取苦甜巧克力。

❺ 使巧克力黏附在饼干面团上。

❻ 将蘸好苦甜巧克力的面团放置于烤盘上，用手掌轻轻压扁，即可送入烤箱烘烤。

Chapter
4
这样做不失败！
超完美甜点制作

Start

巧克力紧密粘黏在饼干面团上

材料

奶油	140g
红糖	120g
糖粉	17g
盐	2g
全蛋	30g
低筋面粉	213g
小苏打粉	4g
耐烘烤巧克力豆	80g
可可粉	10g
核桃	50g
玫瑰盐	适量
高筋面粉	少许

DATA

烘烤时间	15分钟
烘焙温度	上火180℃ 下火180℃

甜中带咸
的完美
体验

日 式 盐 之 花 饼

变化款

做法

❶ 在钢盆中放入奶油、红糖、糖粉、小苏打粉、盐，一起搅拌均匀。加入鸡蛋液，继续搅拌。

❷ 取另一个钢盆，放入过筛的低筋面粉和可可粉。

❸ 将做法 2 倒入做法 1 面团，用刮板拌匀。

❹ 加入核桃、巧克力豆。揉捏面团，使核桃均匀地分布在面团中。

❺ 在面团表面撒上一点高筋面粉，避免粘黏。

❻ 用擀面棍将面团均匀擀平后，放入冰箱松弛 3 小时以上。

❼ 取出面团，抓约 50g 的面团，将其滚圆。

❽ 将成形成圆形的面团放置在烤盘上，用手掌稍微压扁。

❾ 在成形好的面团上，撒上玫瑰盐，放入烤箱烘烤。

Chapter
4
超完美甜点制作
这样做不失败！

Start

1

2

3

4

5

6

松弛 3 小时以上

7

8

9

巧克力与谷类香气的完美结合

材料		DATA	
奶油	158g	烘烤时间	12分钟
白糖	98g	烘焙温度	上火180℃
全蛋	1颗		下火180℃
香草豆荚酱	3g		
牛奶	26g		
低筋面粉	135g		
纯裸麦粉	75g		
德国杂粮粉	75g		

Cookie

德国乡村杂粮饼

变化款

做法

① 将白糖和奶油放入钢盆中一起搅拌。再加入鸡蛋液拌匀。

② 取另一个钢盆，加入德国杂粮粉、纯裸麦粉以及过筛的低筋面粉。

③ 将做法2倒入做法1中，混合搅拌均匀。

④ 在做法3中加入牛奶、香草豆荚酱搅拌均匀。将面团放入冰箱松弛3小时以上。

⑤ 取做法4面团，每一份约一个乒乓球大小，将其滚圆，放置于烤盘上。

⑥ 用手掌将滚圆的面团略微压平，即可放入烤箱烘烤。

Chapter **4**

超完美甜点制作

这样做不失败！

Start

1

3

5

面团滚圆

2

4

6

材料

奶油	250g
白糖	200g
全蛋	3 颗
奶粉	120g
无铝泡打粉	3g
低筋面粉	375g
杏仁片	120g
核桃	50g
南瓜子	80g

DATA

烘烤时间	20 分钟
烘焙温度	上火 170℃ 下火 170℃

奶香与核果
香交融的味
觉盛宴

Biscotti 意大利脆饼

做法

❶ 将奶油、白糖和无铝泡打粉放入钢盆中，一起搅拌均匀。

❷ 在做法 1. 中加入鸡蛋液，搅拌均匀。

❸ 倒入过筛的低筋面粉和奶粉。将所有材料用刮板拌匀。

❹ 放入杏仁片、核桃、南瓜子，用刮板将面团混合均匀。

❺ 取出面团，放置于保鲜膜上，用保鲜膜将面团包起来，成长条状，并放入冰箱松弛 30 分钟。

❻ 取出面团，拿掉保鲜膜，放入烤箱烘烤约 12 分钟。

❼ 将烤好的饼取出放凉，用刀切成大约 1cm 宽的长条形。

❽ 将切好的脆饼再度放入烤箱烘烤，切面朝上整齐排列，烘烤约 8 分钟，即完成。

Chapter
4

这样做不失败！
超完美甜点制作

Start

1
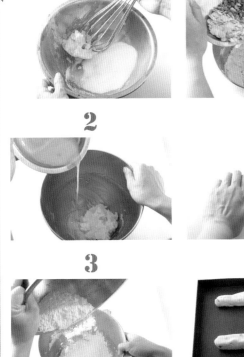

2

3

4

5

6

7

8
切后再烤一次

马赛纳威小舟饼

变化款

充满清新
核果香的
健康甜点

材料

奶油	150g	玉米粉	60g
奶油乳酪	250g	低筋面粉	270g
白糖	270g	无铝泡打粉	15g
全蛋	300g	综合坚果碎末	200g

DATA

烘烤时间	15分钟
烘焙温度	上火 180℃ 下火 180℃

Start

1

在钢盆中放入奶油、白糖、奶油乳酪。

2

用打蛋器将做法1搅拌，直到成团。

3

在做法2中放入鸡蛋液，继续搅拌均匀。

4

在做法3中放入过筛的低筋面粉、玉米粉、无铝泡打粉。

5

用刮板将面粉与其他材料一起拌匀，并使其成团。

6

将面团用保鲜膜包覆起来，放入冰箱里松弛30分钟后取出，以双手将面团压平。

7

取擀面杖将做法6面团擀开。

8

上下擀成长方形。

9

将面团横放，从另一边继续将面团擀平。

Chapter **4**

超完美甜点制作

这样做不失败！

10

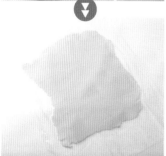

将面团擀至约 0.3cm 的厚度。

11

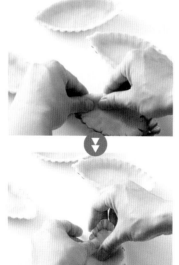

将塔皮覆盖于舟形模具上，使塔皮与模具完整贴合，除掉多余的塔皮。

12

在塔皮表面刷上鸡蛋液。

13

再填上综合坚果碎末，即可放入烤箱烘烤。

TIPS

好吃的小舟饼关键在于使用碎核果

小舟饼好吃的特色在于香气——塔皮浓郁的奶油香气，以及其上各种碎核果的清香。因此，制作小舟饼需要选择各式碎核果而不是整颗，如此能充分地释放核果香味，也能使这些核果更容易黏附在塔皮上。

Q1 | 为什么德国乡村杂粮饼烤起来又黑又硬?

答 | 因为没有分两个阶段烘烤

德国乡村杂粮饼的特色是外酥脆内松软,与一般的硬式饼干或里外都松软的软式饼干不一样。

一般饼干面团松弛后,都会先进行分割成形,再放入烤箱烘烤,但是德国乡村杂粮饼的面团却不需要事先分割成形,而是整条放入烤箱烘烤,再进行切割,如此一来,切面的部分就不会烤脆,质地较软。接着将烤好又切好的饼再次放入烤箱烘烤(时间较第一次短),会使切面的部分烤干一点,有定形以及使其酥脆的效果。

若是不留意先把面团分割成形,再放入烤箱烘烤,那么杂粮饼就会被烤得又黑又硬。

💡 解决方法 面团分两次烤

第一次将整个长条状面团放入烤箱烤,烤好后切割,再放入烤箱烤一次,就会烤出理想的德国乡村杂粮饼。

烤好的饼干又黑又硬 **NG**

如果先将面团分割好再烤,就很容易把饼干烤得又黑又硬。

烤好的饼干外酥脆内松软

如果面团分两次烤,就可以烤出外酥内软的杂粮饼。

Q2 | 为什么烤好的饼干很硬，口感不佳？

答 | 因为面团没有松弛

  刚制作好的饼干面团结构紧实，这时如果马上放进烤箱烘烤，热空气无法进入面团当中，只能把饼干烤熟，但是烤不膨胀，这样烤好的饼干延展性比较高，吃起来就很硬。

  所以制作好的饼干面团需要放置于低温环境进行松弛，使其结构松散一点，这样在烘烤完成之后，饼干才膨胀得起来，延展性也变低，吃起来就会酥脆，口感较好。

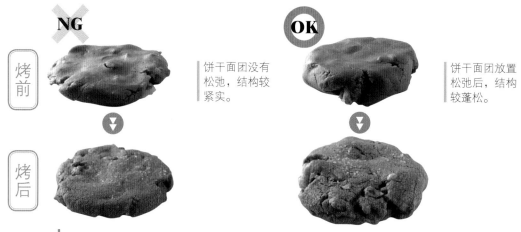

烤前 | **NG** 饼干面团没有松弛，结构较紧实。 | **OK** 饼干面团放置松弛后，结构较蓬松。

烤后

Q3 | 为什么烤好的饼干没有酥脆层次感？

答 | 饼干面团做得太厚

  饼干吃起来要酥脆，靠的是蓬松剂把面团撑开来，让烘烤时的热空气较容易进入面团，使烤好的饼干吃起来不会硬邦邦的，而有酥脆的层次。

  制作饼干使用的蓬松剂是小苏打粉或泡打粉，使用的量很少，有些人可能会忘记加入，那么烤好的饼干就会很硬、难以入口。

  如果饼干面团做得太厚，蓬松剂就不容易把面团撑开，以至于面团就会比较扎实，那么烤出来的饼干吃起来就会太硬，而没有酥脆的口感。所以成形饼干面团时要特别注意面团厚度适中，以免烤好的饼干不酥脆，没有层次感。

又酥又脆 **OK**  又硬又厚 **NG**

Q4 为什么烤好的杏仁瓦片变形？

答 因为烤好的杏仁瓦片没有放在平面上冷却

刚烤好的杏仁瓦片是热的，质地是软的，这时可塑性还非常高，一定要放在水平面的透气平台上晾凉定形，这样做出来的杏仁瓦片才会是漂亮的平面片状。

尤其杏仁瓦片是非常薄的片状饼干，比一般厚片饼干更容易变形，如果从烤箱取出时没有留意，或是摆放在不平的地方，那么定形好的杏仁瓦片就会不那么漂亮。因此，从烤箱取出以及晾凉时，都要特别注意维持其平面状态。

烤好的杏仁瓦片弯曲变形 **NG**

烤好的杏仁瓦片形状平整 **OK**

因为刚烤好的杏仁瓦片没有放在平面的地方晾凉，所以定形后就会变得弯曲。

刚烤好的杏仁瓦片如果放在平面的地方晾凉，那么定形后就会变得平整漂亮。

Q5 为什么烤好的杏仁瓦片吃起来太软？

答 因为成形面糊没有摊开，面糊太厚

杏仁瓦片属于薄脆饼干，并没有加入任何蓬松剂，如果成形时面糊放太多、太厚，烤出来的杏仁吃起来会较软。反之，面糊铺得越薄则口感越脆。

成形面糊时应该用双手将面糊尽量摊开、摊平，尤其杏仁片尽量不要重叠，这样烤好的杏仁瓦片才会薄脆。

面糊没有平铺推开 **NG**

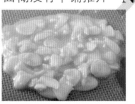

面糊平铺在烤盘纸上，没有进一步用手指将面糊推平、推开。

颜色较白、较厚

烤好的杏仁瓦片太软，而且颜色较白。

面糊平铺推开 **OK**

将面糊平铺在烤盘纸上，尽量推平、推开，使杏仁片不要重叠。

颜色金黄薄脆

烤好的杏仁瓦片颜色金黄，口感硬脆。

Q6 | 为什么小舟饼的内馅会掉出来?

答 | 烤前需先在塔皮表面刷上蛋液

　　小舟饼饼皮上的碎核果本身并没有黏着性,而且体积小、细碎,很容易掉落,所以制作这个甜点的关键在于如何使核果紧密地黏附在饼皮上。如此,一口咬下,就会滋味清香,口感层次丰富。

　　要达到这个目标有两个重点:第一,饼皮和内馅是一起烤的,在烘烤过程中,利用所产生的热气,使内馅和饼皮略微熔化,晾凉后黏合在一起;第二,在饼皮成形完成后,在表面先刷上蛋液,再填入碎核果内馅,利用鸡蛋液的黏着性,使饼皮和碎核果充分黏合。如此一来,烘烤好的小舟饼就不会有内馅掉落的问题。

烤好的小舟饼
内馅散落

内馅完整黏附
于饼皮上

烤好的小舟饼,吃的时候内馅碎核果散落,影响口感。

烤好的小舟饼,吃的时候内馅都没有散落,吃起来口感层次丰富。

解决方法

小舟饼饼皮成形完成后,应先刷上蛋液,再填入内馅碎核果。

Q7 为什么烤好的巧克力脆饼坍塌碎掉、巧克力掉落？

答 成形不好，烘烤时受热不均匀

　　巧克力脆饼上面的巧克力烤好之后会掉落，是因为成形时巧克力没有紧附在面团上，所以烤好取出时，巧克力都掉落在烤盘上，是失败的成品。想要避免这种情况发生，重要的是面团黏附巧克力之后，要稍微把面团压平，把巧克力压入面团里，这样烤好的巧克力脆饼就不会掉落巧克力。

　　另外，巧克力脆饼烤好后坍塌变形，也是因为成形不当。成形巧克力面团时，一定要注意每一个面团的厚薄度要均匀，不能中间很厚、外围很薄，或是一边很厚、一边很薄，这样在相同的受热温度和时间下，薄的部分烤好之后就比较容易坍塌。

 解决方法

将面团黏附巧克力，放在烤盘上，用手掌轻压，将巧克力压入面团中，而且要注意面团的厚薄度要均匀。

烤好的巧克力脆饼上没有巧克力

巧克力没有紧附在饼干上，都掉落了。

巧克力脆饼坍塌变形

烤好的巧克力脆饼一边因为太薄而坍塌碎掉。

烤出完美的巧克力脆饼

烤好的巧克力脆饼形状完整，口感酥脆。

蛋白饼

Meringue

常见的问题与解答 Q&A

Meringue
柠檬蛋白饼

自然清爽
的午后小
茶点

材料	柠檬馅		DATA	
蛋白饼	牛奶.....................150g		烘烤时间	2 小时
蛋白.....................100g	白糖......................45g		烘焙温度	上火 100℃
白糖.....................180g	蛋黄......................2 颗			下火 100℃
	奶油........................8g			
	柠檬汁..................22g			

1

在烘烤蛋白饼专用的烤模上喷上烤盘油。

4

再加入白糖继续打发。

7

柠檬馅制作

取另一个钢盆,在里面放入蛋黄、柠檬汁,一起打散。

2

在钢盆里放入蛋白。

5

打到干式发泡后装到挤花袋中。

8

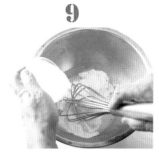

在做法 7 中再倒入白糖。

3

用打蛋器将蛋白打到湿式发泡。

6

低温烘烤

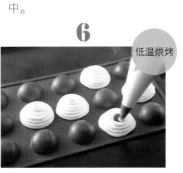

将做法 5 以螺旋状的方式,由外而内,顺着烤模的形状挤好后,放入烤箱烘烤。

9

加入牛奶。

10

最后加入奶油一起搅拌均匀，
柠檬馅即完成。

11

取出烤好的蛋白饼，底部蘸
取一点熔化的白巧克力。

12

将蛋白饼黏附在一小片饼干
上。

13

将蛋白饼边口朝下，蘸取绿
色糖粉。

14

在做法 13 的空处挤上柠檬
馅。

15

装饰

制作长条状蛋白饼，上面撒
上柠檬皮屑，装饰于蛋白饼
上即完成。

TIPS

健康又美味的蛋白饼要细心才能烤好

对于爱吃甜食又怕胖的女性朋友，我会推荐蛋白饼，吃起来清爽，而且没有淀粉负担。蛋白饼制作过程不难，
主要是将蛋白打发，需要注意的是烘烤过程，要低温长间时才能烤好。

香草蛋白夹心饼

变化款

包覆着酸甜
柔滑口感的
幸福甜点

材料

蛋白饼

蛋白..........................100g
白糖..........................150g

卡仕达

卡仕达粉.....................80g
牛奶.........................200g

DATA

烘烤时间	2 小时
烘焙温度	上火 100℃ 下火 100℃

Start

1

3

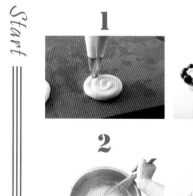

2

4

🔻 从"柠檬蛋白饼"做法 5 开始

❶ 将调制好的蛋白饼面团放入挤花袋中，在烤盘纸上由内而外以螺旋状挤出。连续挤出 4 圈后，放入烤箱烘烤。

❷ 卡仕达馅制作：取卡仕达粉，加入冰牛奶，一起搅拌均匀，直到表面光滑，且拉起时呈固态状。

❸ 在烤好的蛋白饼上面挤上卡仕达馅。

❹ 在外围装饰一圈蓝莓，再取另一片蛋白饼覆盖上即完成。

材料

蛋白	200g
白糖	66g
糖粉	180g
杏仁粉	166g

DATA

烘烤时间	2 小时
烘焙温度	上火 100℃ 下火 100℃

清爽甜美
的公主
甜点

Meringue

达克瓦兹蛋白饼

变化款

❶ 将蛋白和白糖打发到硬式发泡后，加入杏仁粉以及糖粉。

❷ 用刮板将做法 1 所有材料拌匀。

❸ 将做法 2 倒在烤盘纸上。用抹刀将面团推开。

❹ 表面整个抹平，使面团平整。

❺ 在做法 4 上撒上过筛的糖粉，放入烤箱烘烤。

❻ 烘烤好晾凉，取模具将单片饼干切割出来。每一个约等同掌心大小。

❼ 在做法 6 上挤上卡仕达（卡仕达做法参考 P83）。

❽ 叠上另一片蛋白饼。再挤上一层卡仕达。

❾ 最后撒上过筛的糖粉，并做装饰即完成。

Chapter
4
超完美甜点制作
这样做不失败！

Start

1

2

3

4

5

6

7

8

9

材料

蛋白........................150g
白糖..........................50g
糖粉........................135g
杏仁粉.....................125g
榛果粒.......................20g
核桃..........................20g
巧克力.....................100g
鲜奶油.....................250g

DATA

烘烤时间	2 小时
烘焙温度	上火 100℃ 下火 100℃

清脆的黑
白巧克力
交响曲

Meringue

巧克力欧蕾达克瓦兹

变化款

> ⬇ 从"达克瓦兹蛋白饼"做法 4 开始

❶ 在铺平的面团上撒上榛果粒。

❷ 再撒上碎核桃。

❸ 撒上过筛的糖粉，放入烤箱低温烘烤。

❹ 将烤好的达克瓦兹饼干切成 3cm 宽条状。

❺ 将做法 4 再切成 6cm 长。切好的饼干大小为 3cm X 6cm。

❻ 在每一片饼干上挤上巧克力内馅（巧克力内馅制作：隔水熔化巧克力 100g，打发动物鲜奶油 250g，巧克力和鲜奶油搅拌均匀即完成）。

❼ 再覆盖上另一片饼干。

❽ 将做法 8 一端蘸上白巧克力液。

❾ 另一端蘸上黑巧克力液即完成。

Chapter **4**
超完美甜点制作
这样做不失败！

Start

巧蕾马卡龙

口感轻盈、
气味浓郁的
爱情灵药

材料

杏仁粉	117g	蛋白	123g
可可粉	15g	糖粉	56g
糖粉	190g		

DATA

烘烤时间	12分钟	
烘焙温度	上火 160℃ 下火 160℃	

将可可粉、糖粉、杏仁粉过筛。

4

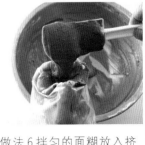

将做法 3 分次加入做法 2 中。

7

将做法 6 拌匀的面糊放入挤花袋中。

2

取一个钢盆，放入过筛的可可粉、糖粉、杏仁粉，混合备用。

5

用刮板将做法 4 轻拌混合均匀。

8

将挤花嘴贴住烤盘纸表面，由下往上，从中心点向上拉起。

3

在钢盆中加入蛋白打发至湿式发泡，再加入 56g 糖粉，将蛋白打发至硬式发泡。

6

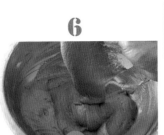

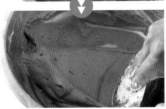

混合技巧是由底部往上翻，直到确保没有干粉残留。

Start

9

成形完成的马卡龙面团。

10

放入烤箱前要先轻扣烤盘底部，让气泡排出，使成形好的面团表面平整。

11

将做法 10 静置 3 小时以上，再放入烤箱烘烤。

12

取出一片烤好的马卡龙饼干，挤上巧克力内馅（内馅制作参考P86巧克力欧蕾达克瓦兹）。

13

在上面覆盖另一片马卡龙饼干即完成。

TIPS

娇贵的马卡龙成功关键在面糊

为什么广受欢迎的马卡龙价钱就像它的质地这么娇贵呢？这是因为面糊成形和烤前准备都需要技巧和耐心。面糊成形只要多练习几次就可以，但是烤前若没有静置足够的时间，马卡龙的口感就会差。

90

Q1 为什么烤好的马卡龙表面不光滑平整?

答 放入烤箱前没有轻敲烤盘，或是放入烘烤前没有静置足够的时间

烤好的马卡龙饼干呈现立体扁圆状，一面是平面，一面是光滑的圆面，可是有些烤好的马卡龙圆面却凹凸不平，或是扁塌，这是因为忽略了两个细节。

马卡龙放入烤箱烘烤之前，必须先轻敲烤盘，这个动作可以使每一个成形好的马卡龙面团质地更扎实，那么放入烤箱烘烤之后，就不会有坍塌变形的结果。

挤好的马卡龙不能马上放入烤箱烘烤，而是需要先静置风干3小时，待多余的水分释出之后，再进行烘烤。如果没有这个步骤，那么面团里多余的水分就会影响马卡龙饼干成形，使得烤好的马卡龙坍塌、软而不脆。

Chapter **4**
这样做不失败！
超完美甜点制作

没敲烤前

成形好的马卡龙面团 **NG**

没敲的马卡龙面团顶部尖尖的，内部结构也不扎实。

没敲烤后

烤出来就会表面不平整 **NG**

放入烤箱前没有轻敲烤盘底部，烘烤晾凉后就会呈现圆顶部不平整的现象。

没静置烤后

马卡龙表面会坍塌 **NG**

成形好的马卡龙面团没有先静置3小时风干，就放进烤箱烘烤，烤好的马卡龙饼干就会坍塌。

💡**解决方法** 将烤盘轻敲后，马卡龙面团表面看起来平整

烤前

成形好的马卡龙面团

成形好的马卡龙面团，应轻敲烤盘，并静置3小时，再放入烤箱烘烤。

烤后

烤好后表面呈现圆滑完整 **OK**

▶▶

烤成功的马卡龙不仅表面完整，而且还有明显的"裙带"。

Q2 为什么烤好的达克瓦兹太硬、皮裂掉?

答 因为达克瓦兹烤的时间不够

达克瓦兹的面团比较湿,烘烤的时间要足够,慢慢地将里面的水分烤干。如果烤得不够,那么达克瓦兹的质地就会不够硬实,容易碎掉。

但是达克瓦兹也不能烤得太久,如果烤过头,表面会变焦黑,而且会变得很硬,难以入口。所以达克瓦兹烤的时间要适中。

烤达克瓦兹需要低温加上长时间烘烤,最佳的温度是100℃,时间是2小时,若是高温烘烤,则达克瓦兹会烤焦。

达克瓦兹表皮碎裂 NG

达克瓦兹烤的时间不够,质地不够硬实,表皮容易碎掉。

达克瓦兹形状完整 OK

达克瓦兹低温长时间烘烤后,形状完整,颜色接近纯白色。

Q3 为什么切好的达克瓦兹边缘不平整?

答 切割完成后没有修边

烤好的达克瓦兹皮脆内酥,里外质地不同,无论是用刀或模具切割,切口处都会有粗糙不平整的现象。要让达克瓦兹的形状看起来更完美一点,如此包覆的内馅也不容易挤出来,装饰的时候也比较顺手。所以通常我们切割完成之后,还会进一步用刀子将达克瓦兹的边缘修整一下,而且要上下两片叠在一起修整,这样做好的达克瓦兹就会很好看。

未修边的达克瓦兹 NG

表皮完整的达克瓦兹 OK

Q4 | 为什么烤好的蛋白饼变焦黑且塌掉？

答 蛋白打得不够，或是烤的温度太高

成功做好蛋白饼的第一个重点在于面团制作，必须把蛋白打到干式发泡，这样的面团才有足够的空气包覆，烤的时候会撑住形状，那么烤好的蛋白饼就不会塌掉。

蛋白饼放入烤箱烘烤的温度是第二个重点，必须低温烘烤，才不会把纯蛋白制作的蛋白饼烤焦黑。

如果烤出来的蛋白饼又塌又黑，表示制作蛋白饼的两大重点都没有掌握好，整个作品是完全失败的。

制作蛋白饼要比制作其他饼干更费工、更有耐心，务必注意把蛋白打到干式发泡，以及低温长时间烘烤，如此用心呵护，就能做出成功的蛋白饼。

蛋白饼焦黄且形状坍塌

蛋白打得不够，加上烘烤温度过高，就会烤出颜色焦黄且形状坍塌的蛋白饼。

蛋白饼颜色纯白且形状完整

蛋白打得足够，且烘烤温度适中，就会烤出完美的蛋白饼。

💡 解决方法

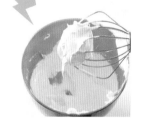

把蛋白打到干式发泡，且调整烤箱温度在100℃烘烤。

Q5 | 为什么烤好的蛋白饼一碰就破？

答 因为烤得不够，质地太松散

蛋白饼要烤成功，烤箱的温度设置以及烘烤的时间很重要，有时候烤好的蛋白饼看起来颜色是成功的纯白色，也固化完整，但质地太松，一碰就破掉，这是为什么呢？因为蛋白饼还没有烤好，结构不够扎实，轻敲就破掉，而且口感也不够。

所以要看蛋白饼有没有烤好，不能单从表面看出来，还是要依照配方设定的烘烤温度和时间去烘烤，才能烤出质地扎实而且颜色雪白的完美蛋白饼。

蛋白饼一碰就破掉

烘烤时间不够的蛋白饼，结构不够扎实，稍微碰到就破掉。

蛋白饼结构扎实完整

烘烤时间足够的蛋白饼，结构很扎实，形状完整。

千层酥饼

Napoleon

常见的问题与解答 Q&A

Q1　为什么做出来的千层酥饼很厚？

Q2　为什么烤好的千层酥饼会碎裂？

Q3　为什么千层酥饼的内馅巧克力溢出来？

Napoleon

香草棒千层酥饼

微酸与甜的完美结合，引人入胜的香草滋味

材料		DATA	
奶油 233g	香草豆荚酱 5g	烘烤时间	20 分钟
白糖 100g	低筋面粉 333g	烘焙温度	上火 180℃
全蛋 .... 1 颗			下火 160℃

1

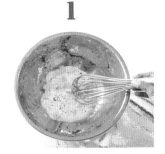

在钢盆中放入奶油与白糖。

2

将做法 1 不断搅拌，直到成团。

3

在做法 2 中放入鸡蛋液，继续搅拌均匀。

4

在做法 3 中放入低筋面粉。

5

再加入香草豆荚酱，用刮板将面粉与其他材料一起拌匀，并使其成团。

6

松弛

将面团放入冰箱里松弛 30 分钟后取出，用保鲜膜包覆起来，用双手将面团压平。

7

取擀面杖将做法 6 擀开。

8

擀成长方形平面。

9

将面团横放，从另一边继续将面团擀平。切割成 3cm X 6cm 大小，并在面团上戳小洞，放入烤箱烘烤。

10

在烤好的千层饼上挤上香草卡仕达（卡仕达做法参考 P83）。

13

放上莓果装饰。

11

再覆盖上另一片千层饼。

14

最后加上一根香草棒，即完成。

12

再挤上一层香草卡仕达。

TIPS

装饰千层饼的技巧

在小面积的千层饼上装饰，重点是奶油，因为足够的奶油才能让小巧的装饰食品黏附住。但又不能挤太多奶油，以免溢出到处粘黏。挤奶油时上下左右都要留一点空间，分两次或三次挤，让奶油和奶油中间有空间，这样就能完美装饰小千层饼了。

Napoleon

巧克力千层酥饼

征服情人味蕾和视觉的爱情甜点

材料

奶油	233g
全蛋	1 颗
白糖	100g
低筋面粉	300g
可可粉	30g
美国 1/8 核桃	30g
耐烤巧克力豆	30g

| 开心果粒 | 30g |
| 巧克力奶油 | 适量 |

DATA

| 烘烤时间 | 20 分钟 |
| 烘焙温度 | 上火 180℃ 下火 160℃ |

Start

1

3

2

4

5

⚡ 从 "香草棒千层酥饼" 做法 9 开始（在做法 5 中加入核果、巧克力豆、开心果粒）

❶ 在千层酥饼上挤上巧克力奶油。

❷ 覆盖上另一片千层酥饼。再挤上一层巧克力奶油。

❸ 在爱心形状的巧克力马卡龙上刷上一层食用金粉。

❹ 在圆形的巧克力马卡龙上，撒上过筛的可可粉。

❺ 将做法 3 和做法 4 放在最上层奶油上装饰。

材料

酥饼

奶油...........................250g
白糖...........................100g
全蛋............................1 颗
蛋黄............................1 颗
榛果粉.........................180g
低筋面粉......................300g
香草奶油......................适量

樱桃果酱

樱桃粒.........................204g
白糖............................10g
法国果胶粉......................3g
樱桃白兰地.....................15g

DATA

烘烤时间	20 分钟
烘焙温度	上火 180℃ 下火 170℃

下午茶派
对中的钻
石甜点

樱桃甜心千层酥饼

变化款

做法

① 取一个深锅，放入樱桃白兰地。

② 加入 10g 白糖。

③ 倒入法国果胶粉。

④ 开小火，将做法 3 材料边煮边搅拌，直到浓稠成胶状。

⑤ 取出烤好的千层饼干（千层饼干制作请参考 P97 香草棒千层酥饼做法 1～9，并在做法 5 中加入蛋黄、榛果粉）。

⑥ 将做法 4 放入挤花袋中，以直条状挤在千层饼干上。

⑦ 在上面覆盖上另一片千层饼干。

⑧ 再挤上香草奶油。挤好后再加上切开的樱桃、核果碎、食用金箔，即可完成。

Chapter
4

超完美甜点制作

这样做不失败！

Start

1

4

7

2
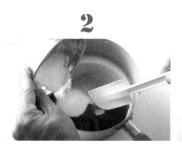

5

8

3

6

\Finish/

Napoleon

草莓佳人千层酥饼

变化款

酸甜酥脆
的华丽
盛宴

材料

酥饼
奶油	114g
白糖	114g
全蛋	1 颗
奶粉	12g
低筋面粉	250g

樱桃果酱
白糖	90g
法国果胶粉	3g
樱桃白兰地	15g

草莓奶油
草莓粉	30g
鲜奶油	300g

DATA
烘烤时间	20 分钟
烘焙温度	上火 170℃ 下火 150℃

1

2

⬇ 从 "樱桃甜心千层酥饼" 做法 7 开始

❶ 在最上层挤上草莓奶油（制作方法：草莓粉拌入打发鲜奶油搅拌均匀），即完成基本装饰。

❷ 在奶油上加上蓝莓、装饰小花，即可完成。

你也可以这样做

日风静冈抹茶酥饼

Napoleon

材料

奶油	240g	低筋面粉	305g
糖粉	180g	抹茶粉	15g
蛋黄	30g	杏仁角	100g

DATA

烘烤时间	20 分钟
烘焙温度	上火 180℃ 下火 170℃

做法

① 在钢盆中放入奶油与糖粉。用打蛋器搅拌，直到成团。再放入蛋黄、低筋面粉、杏仁角，用刮板将面粉与其他材料一起拌匀，并使其成团。

② 在做法 1 中加入抹茶粉，并搅拌均匀。

③ 将面团包入保鲜膜，放入冰箱松弛后取出，用擀面杖擀成片状。

④ 将做法 3 面团切成 3cm×6cm 大小。

⑤ 将切好的每一片面团放入烤箱烘烤。

Start

1

2

3

4

5

↓ 只要将"香草棒千层酥饼"的酥饼换成抹茶酥饼就是另一种口味！

Q1 为什么做出来的千层酥饼很厚?

答 | 擀压成形面团没有压到适当的厚度

千层酥饼要烤到什么样的厚度才好吃?其实和派皮的概念一样,我们要把千层酥饼当成派皮来看,它在主题甜点中扮演配角的角色。千层酥饼和派皮一样,用酥香的基础来衬托出奶香以及其他酸甜味的口感,所以都不宜太厚,否则就吃不出主题风味。

千层酥饼最佳的厚度是0.3cm,这个厚度最适合做成小巧精致的甜点,再搭配奶油以及莓果等口味,就能呈现最佳美味。

要做出这样厚度的千层酥饼,在成形时就必须注意,要将面团擀平成0.3cm厚度。

千层酥饼太厚影响口感 千层酥饼厚度适中

解决方法

擀面团时没有将面团擀到适当的厚度,烤后厚度太厚。

将面团来回擀成平整且薄,烤后厚度适中。

慢慢地来回将面团一次一次擀薄,直到厚度达到0.3cm。

Q2 为什么烤好的千层酥饼会碎裂?

答 | 可能的原因包括面团烤不够、面团擀得太薄,或烤得太干

千层酥饼的最佳厚度为0.3cm,如果太厚会影响口感,但是太薄则烤好容易碎掉,也是失败的结果。会造成烤好的千层酥饼碎裂,还有可能是烘烤的时间和温度掌握不好,以至于面团没有烤熟,或烤得太干,这些都会造成烤好的千层酥饼碎裂。

因此,要烤出完美的千层酥饼,在擀面团时就要特别注意,将面团擀成适当均匀的厚度,接着就要控制好烘烤的时间和温度,这样烤好的千层酥饼就会形状完整,且不易碎裂。

烤好的千层酥饼碎裂

烤好的千层酥饼因为太薄而碎裂。

烤好的千层酥饼形状完整

烤好的千层酥饼厚度为0.3cm,且形状完整。

Q3 | 为什么千层酥饼的内馅巧克力溢出来?

答 | 有可能是巧克力内馅加得太多,或是巧克力内馅调制得太稀

　　装饰千层酥饼也是决定千层酥饼好吃的关键,通常会使用奶油、巧克力或其他果酱、莓果等材料,增添千层酥饼的风味。千层酥饼的特色就是面积不大,本书设定为 3cmX6cm,在这样大小的饼干上作装饰变化,确实不容易,尤其是挤内馅时掌握不当,加上另一片千层酥饼时,就会把柔软的内馅挤出来。

　　另一个可能使内馅溢出来的原因,则是内馅调得不好,质地太稀没有支撑力,不但夹心时容易溢出,而且水分太多,还会使饼干湿透,变得不酥脆。

　　要避免做出巧克力内馅溢出的失败作品,务必将内馅调制到足够的浓稠度才行。另外,挤内馅的时候要留点空间,千万不要任意地将饼干表面全部挤满。

Chapter
4
这样做不失败!
超完美甜点制作

巧克力内馅溢出 **NG**　　　　　　巧克力内馅挤得刚好 **OK**

巧克力内馅挤满饼干表面,没有空间承受另一片饼干的压力,内馅就会溢出。

挤巧克力内馅时没有填满千层酥饼表面,这样夹上另一片千层酥饼时就不会溢出巧克力。

解决方法

依照图标的方式挤巧克力夹心,而且要掌握巧克力的质地,不要太稀。

布丁与
舒芙蕾
Pudding & Soufflé

常见的问题与解答 Q&A

Q1 为什么焦糖煮后会变成硬块，而不是液体状呢？

Q2 为什么烤布蕾表面的焦糖会焦黑？

Q3 为什么烤出来的布蕾裂开？

Q4 为什么烤好的布蕾软烂不成形？

Q5 为什么烤出来的米布丁太焦？

Q6 为什么烤熟的焦糖布丁，焦糖和布丁都混在一起了？

Q7 为什么烤好的布丁，表面坑坑洞洞很难看？

Pudding & Soufflé
法式焦糖布丁

香浓的焦糖，加上软嫩布丁，让人爱不释手

材料

布丁液

牛奶 200g

全蛋 80g

蛋黄 40g

白糖 50g

焦糖液

白糖 150g

水 60g

DATA

烘烤时间	30 分钟
烘焙温度	上火 160℃ 下火 160℃

Start

1 制作焦糖

在深锅中加入白糖和水 30g。

2

开火，将白糖和水一起煮开。

3

握住手柄，轻摇晃锅，不能使用搅拌棒

煮焦糖时稍微摇晃一下，以免煮焦。

4

煮到糖液呈现金黄色。

5

加入冷开水 30g，熄火。

6

用汤匙快速搅拌，焦糖制作完成。

7

将做法 6 用汤匙分别舀入布丁杯中。

8

将牛奶、全蛋、蛋黄、白糖拌匀，布丁液制作完成。在做法 7 中倒入布丁液。

9

在烤盘上注入六分满的水，再将做法 8 放于烤盘上，放进烤箱烘烤即完成。

Chapter **4** 超完美甜点制作 这样做不失败！

诺曼底烤米布丁

变化款

材料

白米	90g
牛奶	125g
水	250g
香草豆荚	1 根
柠檬皮	少许
白糖	30g
蛋黄	1 颗
奶油	12g

DATA

烘烤时间	15分钟
烘焙温度	上火 200℃ 下火 180℃

具有米香和颗粒感的惊奇布丁

1 先将白米泡水一个晚上。

2 在深锅中放入牛奶和水，再加入做法 1 的白米。

3 取出新鲜香草豆荚，刮除里面的种子。

4 将整根香草豆荚放入做法 2 锅中。开小火，一边搅拌一边煮，煮到米粒熟透。

5 加入白糖，关火，拌匀。

6 依序再加入蛋黄、奶油、柠檬皮屑。

7 将做法 6 倒入预备的烤模中。

8 在烤盘上注入六分满的水，将做法 7 的烤模放于烤盘上，再放进烤箱烘烤。

Start

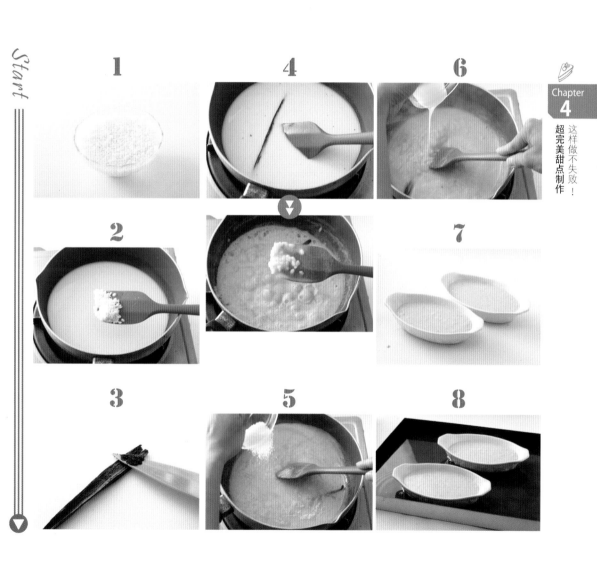

材料

牛奶	250g
鲜奶油	250g
白糖	100g
全蛋	30g
蛋黄	80g

DATA

烘烤时间	30 分钟
烘焙温度	上火 160℃ 下火 160℃

法式甜点中的传统经典

Pudding & Soufflé

法式焦糖烤布蕾

变化款

❶ 取一个钢盆，在钢盆中加入鲜奶油、牛奶和白糖。

❷ 将做法 1 一边搅拌，一边开小火慢煮。

❸ 取一个钢盆，加入全蛋和蛋黄拌匀，再将做法 2 慢慢倒入蛋液中。

❹ 将做法 3 过筛至另一个钢盆中，把大杂质过滤掉。

❺ 待做法 4 稍微冷却。

❻ 将做法 5 倒入布蕾模具中，注意要慢慢倒入，避免气泡产生。表面的气泡可以用喷枪消除。

❼ 在烤盘里注入六分满的水，将做法 6 的模具放于烤盘上，放进烤箱烘烤。

❽ 在烤好的布蕾表面撒上糖。

❾ 用喷枪将布蕾表面的糖炙成焦糖。

Chapter
4

这样做不失败！
超完美甜点制作

Start

表面的气泡可以用喷枪消除

材料

牛奶.............................250g
鲜奶油.........................250g
白糖.............................100g
全蛋.............................30g
蛋黄.............................80g
康图橙酒.....................25g
橙皮丁.........................适量

DATA

烘烤时间	30 分钟
烘焙温度	上火 160℃ 下火 160℃

柑橘香气
里的柔嫩
口感

橙 香 烤 布 蕾

变化款

① 在钢盆内加入鲜奶油、牛奶、白糖，开小火慢煮至糖溶化。

② 取一个钢盆加入全蛋和蛋黄拌匀，将做法 1 倒入蛋液中。

③ 将康图橙酒倒入做法 2 中拌匀。

④ 将做法 3 过筛至另一个钢盆中，去掉杂质。

⑤ 将做法 4 倒入布蕾模具。

⑥ 在烤盘里注入六分高的水，将做法 5 的模具放于烤盘上，放进烤箱烘烤。烤完后再加入适量橙皮丁。

Finish

Chapter
4

这样做不失败！
超完美甜点制作

Start

甜点中的
梦幻单品

材料

苦甜巧克力......................210g
奶油..............................150g
全蛋............................... 6 颗
白糖..............................172g
低筋面粉.......................120g

DATA

烘烤时间	20 分钟
烘焙温度	上火 180℃ 下火 180℃

巧克力舒芙蕾

变化款

① 先在模具里面的底部和四周都均匀涂抹奶油，然后放入少许白糖。

② 取一个钢盆，倒入鸡蛋液和白糖一起打发。

③ 将奶油和苦甜巧克力一起放在小锅里隔水加热。

④ 奶油和巧克力一起熔化，至无颗粒状，搅拌均匀，使其表面光滑。

⑤ 将打发好的做法2，慢慢加入做法4，搅拌均匀。

⑥ 在做法5中加入低筋面粉，用刮板将所有材料拌匀。

⑦ 将做法6放入挤花袋中，再将面糊挤到模具里。

⑧ 面糊挤约八分满，烤盘里注入六分满的水，放入烤箱烘烤即可。

Chapter

4

超完美甜点制作

这样做不失败！

Start

1

2

3

4

5

6

7

8

Q1 为什么焦糖煮后会变成硬块，而不是液体状呢？

答 因为最后起锅前没有加冷开水，或是煮焦糖过程没有摇晃

煮焦糖的材料和做法其实很简单，就是适量的水和白糖一起煮。比较容易被忽略的技巧有两个，一个是煮的过程，以及煮好之后的收尾。

白糖和水在煮的过程中，水分会慢慢蒸发，此时温度较低的部分会凝固回去，所以煮的过程一定要摇晃锅，使整锅焦糖受热均匀，这样才不会煮到最后，部分焦糖又凝固回去。

另一个重点是，煮好焦糖起锅前，要快速加入冷开水，这个动作是为了增加焦糖里的水分，使它维持在流质的状态，如果没有做这个步骤，那么煮好的焦糖一离锅就会马上结块。

用搅拌棒搅拌 **NG**

用搅拌棒搅动焦糖，会使焦糖变成胶状的翻糖。

摇晃焦糖 **OK**

用摇的方式煮焦糖，才能煮出液态焦糖。

加入冷开水 **OK**

焦糖起锅前，快速加入冷开水。

Q2 为什么烤布蕾表面的焦糖会焦黑？

答 喷枪距离太近，火力没有掌握好

焦糖布蕾最大的特色就是表面有一层金黄色的焦糖层，具有浓郁的焦香气味，搭配清新奶香的布蕾，形成绝妙的滋味。这个焦糖层的做法是：撒上砂糖，然后用喷枪直接烤砂糖。在这个过程中，火力会烤干糖里面的水分，使其慢慢焦化，而糖的香气也随之释放出来。

掌握喷枪和砂糖的距离非常重要，需要多练习几次才能烤出漂亮的焦糖层。而且也不能太心急，为了赶快把焦糖烤变色，就不小心把焦糖层烤成黑色，这样不仅没有金黄色泽，而且也会出现焦化的苦味，变成失败的作品。

布蕾表面的焦糖整个焦黑 **NG**

因为心急想把砂糖烤变色，喷枪靠得太近，就容易把焦糖烤黑。

布蕾表面形成一层薄薄的金黄色焦糖层

要掌握喷枪和砂糖之间的距离，慢慢将表层砂糖烤成淡淡的金黄色，就能呈现焦糖布蕾的好滋味。

Q3 为什么烤出来的布蕾裂开？

答 | 没有隔水加热、水的高度不够、烤箱温度太高

　　每一种甜点都依据呈现的口感和味道而有不同的烘烤方式，例如布蕾，追求的是湿润软嫩的口感，所以在烘烤过程中，绝对不能让布蕾里的水分烤干，否则烤好的布蕾就会很干涩，甚至表面裂开，变成失败的作品。

　　要在烘烤过程中维持布蕾湿润度，有几个重点需要注意：

❶ 烤布蕾一定要隔水加热，利用水蒸气烘烤的力量，间接地把布蕾烤熟。

❷ 烤盘里的水一定要足够，约六分满，但也要依据烘烤的分量适度增加。如果烤盘里的水放得太少，那么烤好的布蕾吃起来也会太干。

❸ 烘烤的温度不能太高，表面迅速过度受热，水分蒸散，也会使烤好的布蕾裂开。

没有隔水烤布蕾 **NG**

如果烤盘里没有加水，烤出来的布蕾就会裂开。

隔水烤布蕾 **OK**

烤盘里加了六分满的水，烤好的布蕾就会湿润又柔嫩。

Q4 为什么烤好的布蕾软烂不成形？

答 | 因为烘烤时间不够、配方比例不对

　　烤好的布蕾呈现质地柔嫩的固态，滑顺好入口。如果烤好的布蕾软烂不成形，那就可能配方比例不对，或是烘烤的时间还不够，还没把布蕾烤熟。

　　让布蕾凝固的重要天然凝固剂就是鸡蛋液，所以鸡蛋液的比例在配方中很重要，需要和牛奶等其他液体材料调整好，如果鸡蛋液的比例太高，那么烤好的布蕾就会太硬，不够好吃。如果鸡蛋液的比例太低，就难以凝结其他液体材料，烤好的布蕾就无法凝固，变得软烂，不成形。

布蕾软烂不成形 **NG**

布蕾呈现软嫩的固态

Q5 为什么烤出来的米布丁太焦？

答 烘烤的时间太久、烤箱温度太高

　　米布丁比其他布丁更容易烤焦黑，这是因为其中含有米饭，米饭过度受热变干之后，里面的淀粉糖分释放出来，再继续烤下去，就会烤焦，而且会烤得干干硬硬的，不好吃。

　　所以烘烤米布丁需要谨慎。首先，烤盘里的水一定要足够，让米布丁不会直接受热而烤焦；其次，烤温也不能太高，如果烤温太高，会迅速把烤盘里的水烤干，更严重的是，会把米布丁表面的水都烤干，再烤下去，就直接烤成米饭了，这样烤好的米布丁就会表面焦黑、内部干涩。

烤好的米布丁表面焦黑，内部干涩

因为烤盘里的水放太少，或是烤温火力太大，变成烤米饭，米布丁就会变得焦黑又干。

烤好的米布丁呈美丽的黄色，口感软嫩

烤盘里的水含量适中，烤温也适中，就能烤出颜色漂亮、口感软嫩的米布丁。

Q6 为什么烤熟的焦糖布丁，焦糖和布丁都混在一起了？

答 因为没有隔水加热

　　烤焦糖布丁必须隔水加热，其中一个原因，就是为了避免让焦糖布丁直接受热。如果烤盘里没有先加水，直接把布丁放上去烤，可想而知下火直接加热在焦糖底部，而焦糖的沸点低，很容易煮沸，煮沸后热气往上冲，焦糖就会向上喷发，冲破烤熟的布丁体，结果把布丁打烂了。

　　所以烤布丁一定要隔水加热，无论是蒸布丁还是烤布丁，都不可以直接加热。

烤好的布丁整个碎掉，混合成褐色

必须在烤盘里放足够的水，再烘烤布丁，可以避免布丁底部直接受热而使焦糖往上冲。

烤好的布丁分成白色和焦糖色的上下层

烤成功的焦糖布丁，上下层分明。

Q7 | 为什么烤好的布丁，表面坑坑洞洞很难看?

答 | 布丁液没有过筛，或是没有把气泡除去

　　煮好的布丁液表面会有气泡，质地也不那么细致，可能还有杂质，所以一定要过筛，让它的质地变得更细致。

　　将布丁液倒入模具时要轻要慢，避免制造出气泡，因为就连小气泡都会破坏布丁的成品。但即使再小心，布丁液边缘还是会有一些细小的气泡，千万别忽视它们的存在。这些小气泡可以直接用汤匙捞掉，也可以用喷枪除掉。

　　布丁是口感很细腻的甜点，要做出最好吃的布丁，就要注意这些小细节，也必须有足够的耐心。如果没有顾及以上所说的这些细节，那么烤好的布丁表面就会坑坑洞洞很难看，而且口感也会很粗糙。

烤好的布丁表面
坑坑洞洞

布丁液没有过筛，或是没有捞出气泡，都会造成烤好的布丁表面坑坑洞洞，口感不好。

烤好的布丁表面
光滑平整

布丁液过筛，而且捞出气泡，就能烤出质地细致、口感柔滑的布丁。

泡芙
Puff

常见的问题与解答

菠萝泡芙

香、酥、
脆的奶香
小点

材料		DATA		
菠萝皮	**泡芙壳**	烘烤时间	40分钟	
奶油...........................250g	奶油...........................200g	烘焙温度	上火 190℃	
糖粉...........................150g	水 250g		下火 190℃	
低筋面粉....................200g	牛奶...........................250g			
杏仁角..........................45g	低筋面粉....................300g			
	全蛋.............................9颗			

Start

1 制作泡芙壳

先在深底锅里放入奶油。

2

在做法 1 中加入牛奶。

3

加入水。

4

将做法 3 开小火煮滚。

5

煮到水分逐渐减少，锅里的材料一起凝结成固态。

6

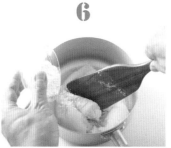

在做法 5 中加入低筋面粉，用木勺快速搅拌，使油水与面粉混匀。

7

将做法 6 放入搅拌机中，一边分次倒入鸡蛋液，一边将面团搅拌均匀。

8

搅拌好的面团呈柔软的固态乳霜状。

Chapter **4**

这样做不失败！超完美甜点制作

125

9

将做法 8 拌好的面团放入挤花袋中，从烤盘底部绕圈挤出。

10

每一个泡芙壳都挤成立体半圆球状，备用。

11

制作菠萝皮

将菠萝皮的材料放入钢盆中，搅拌均匀，制作成菠萝皮面团。

12

将菠萝皮面团放入保鲜膜中擀平后，用适当的圆形模具切成圆片状。

13

将圆形菠萝片放在做法 10 上。

14

将覆盖菠萝皮的泡芙放入烤箱内烘烤。

15

将烤好的菠萝泡芙对切。

16

在底座的菠萝泡芙上由下往上绕圈，挤出卡仕达内馅（卡仕达做法参考 P83）。

17

在做法 16 内馅上放一片白巧克力，再挤上卡仕达内馅。

20

最后加上装饰即完成。

18

挤好后，覆盖上顶部的菠萝皮。

Finish

19

在最顶端挤上奶油。

材料

泡芙壳

奶油	200g
水	250g
牛奶	250g
低筋面粉	300g
全蛋	9 颗

咖啡卡仕达

卡仕达粉	200g
香缇鲜奶油	100g
咖啡酱	50g

DATA

烘烤时间	45 分钟
烘焙温度	上火 190℃ 下火 190℃

香脆的巧克力甜点

Puff

闪电泡芙

做法

> ⬇ 从"菠萝泡芙"做法 8 开始

❶ 搅拌好的面团呈柔软的固态乳霜状。

❷ 将做法 1 放入挤花袋中，在烤盘纸上挤出约 8cm 的长直条状。

❸ 挤到末端时，向上轻轻拉起收尾。

❹ 将全部挤好的泡芙壳放入烤箱烘烤。

❺ 将烤好的泡芙从烤箱中取出晾凉，烤好的泡芙皮表面金黄酥脆。

❻ 在泡芙皮表面抹上一层咖啡卡仕达。

❼ 再放上装饰的巧克力片。

❽ 最后撒上过筛糖粉即可。

Chapter
4
超完美甜点制作
这样做不失败！

Start

1

4

7

2

5

8

3

6

材料

泡芙壳
奶油	100g
水	125g
牛奶	125g
低筋面粉	150g
全蛋	4 颗
奶酪丝	50g

内馅
鲜虾	5 支
牛番茄	1 颗
生菜	50g

DATA

烘烤时间	25 分钟
烘焙温度	上火 190℃ 下火 190℃

外酥内鲜甜的
午后
小点心

奶油鲜虾咸泡芙

变化款

做法

▼ 从 "菠萝泡芙" 做法 8 开始

❶ 搅拌好的面团呈柔软的固态乳霜状。

❷ 将做法 1 放入挤花袋，从烤盘底部绕圈挤出。

❸ 每一个都挤成立体半圆球状。

❹ 在做法 3 表面撒上奶酪丝，放入烤箱烘烤。

❺ 烤好的泡芙外皮酥香，从中间对半切开，但不要切到底。

❻ 中间夹入煮熟的鲜虾、切片的牛番茄片以及生菜即可。

Chapter
4

这样做不失败！
超完美甜点制作

Start

1

3

5

2

4

6

材料

泡芙壳

奶油	200g
水	250g
牛奶	250g
低筋面粉	300g
全蛋	9 颗

内馅

巧克力	100g
鲜奶油	250g

DATA

烘烤时间	25 分钟
烘焙温度	上火 190℃ 下火 190℃

彩糖与双色
巧克力酱的
魅力甜点

Puff

法式皇冠泡芙

做法

▼从"菠萝泡芙"做法 8 开始

❶ 搅拌好的面团呈柔软的固态乳霜状。

❷ 使用圆形模具在烤盘上做出圆形的标记。

❸ 将做法 1 放入挤花袋中，沿着圆形的标记，一颗一颗挤出，挤满圆形外围。

❹ 手指头蘸水，将每一颗泡芙面团顶部压平，放入烤箱烘烤。

❺ 烤好的泡芙呈球形的环状连接。

❻ 将做法 5 从侧面对半切开。

❼ 将巧克力隔水加热熔化。一边熔化一边搅拌，使其质地光滑柔顺。

❽ 将鲜奶油打发，拌入做法 7 中反复拌匀。

Chapter
4

超完美甜点制作

这样做不失败！

Start

1

4

7

2

5

8

3

6

❾ 将做法 8 放入挤花袋中，在做法 6 的剖面上沿着泡芙的形状挤出一圈内馅。

❿ 挤好后，盖上另一半泡芙。

⓫ 将做法 10 拿起来，圆面朝下。表面蘸取白色巧克力。

⓬ 最后再撒上彩色糖装饰即完成。

Start

9

10

11

12

泡芙象征满满的
幸福憧憬

　　在法国，泡芙是节庆甜点，甜点师傅会将泡芙蘸上焦糖堆叠或连接起来，有庆祝、祝福的意义。例如，圣多诺黑就是其中一种节庆的甜点。

　　皇冠泡芙也是多个圆形泡芙连接而成的，看起来像是一个皇冠，也是具有节庆祝福意义的甜点，而且如手掌般的大小也适合单人食用。

　　每一个泡芙体积比一般泡芙小一点，所以制作起来更需要细腻的功夫，而连起来的泡芙若不留意也会发生断裂的问题，这些都是制作皇冠泡芙过程需要特别留意的小细节。我们这里连接每一颗泡芙的黏着剂是巧克力，当然也可以变化为焦糖。而且热爱甜点装饰的朋友们，也可以在这一串环状泡芙上，充分发挥自己的想象力。

材料

奶油	200g	低筋面粉	300g
水	250g	全蛋	9 颗
牛奶	250g		

DATA

烘烤时间	30 分钟
烘焙温度	上火 190℃ 下火 190℃

法式浪漫
珠宝的华丽
甜点

Puff

法式小泡芙

变化款

⬇ 从"菠萝泡芙"做法8开始

❶ 搅拌好的面团呈柔软的固态乳霜状。

❷ 将做法1放入挤花袋中，每一个都挤成立体半圆球状，放入烤箱烘烤。

❸ 烤好后的泡芙表面金黄酥脆。将卡什达内馅装在挤花袋中，以挤花嘴直接戳进泡芙底部，挤入卡什达内馅（卡什达做法参考P83）。

❹ 隔水熔化白巧克力，搅拌至光滑。

❺ 取做法3，圆面朝下，表面蘸满白巧克力。

❻ 待白巧克力凝固后，用较小挤花嘴，以画圈圈的方式，在表面挤出黑巧克力。

❼ 最后撒上彩色糖球即可。

Chapter

4

这样做不失败！

超完美甜点制作

Start

材料

起酥片 .... 1 片
奶油 200g
水 250g
牛奶 250g
低筋面粉 300g
全蛋 .... 9 颗

DATA

烘烤时间	30分钟
烘焙温度	上火 190℃ 下火 190℃

派皮、泡芙
与巧克力的
三重奏

圣多诺黑

变化款

❶ 在准备好的起酥片上，以叉子戳出小洞。戳满整片起酥片，使烘烤时热气能在这些小洞间穿梭。

❷ 将做法 1 放在烤盘上，上面覆盖一层烤盘纸。

❸ 再加压一个烤盘在烤盘纸上面，放入烤箱烘烤。

❹ 烤好的起酥片形状完整，表皮呈金黄色。

❺ 用圆形的模具切出圆形起酥片。

❻ 在深底锅里放入奶油、牛奶、水。

Chapter
4

这样做不失败！
超完美甜点制作

Start

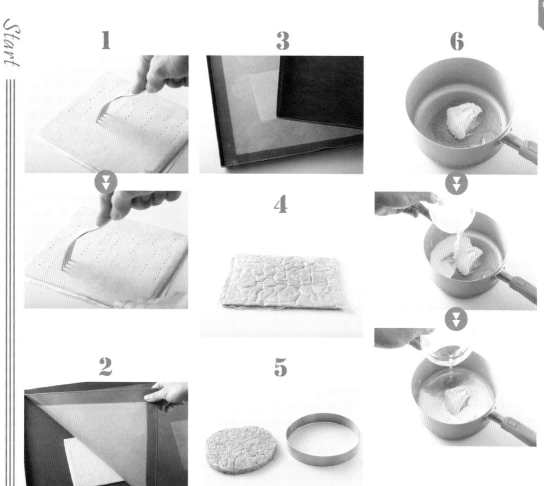

1

3

6

4

2

5

7 开小火煮滚后熄火。

8 煮到水分逐渐减少，锅里的材料一起凝结成固态。

9 在做法 8 中加入低筋面粉拌匀。

10 将做法 9 放入搅拌机中，一边分次倒入全蛋液，一边将面团搅拌均匀。

11 搅拌好的面团呈柔软的固态乳霜状。

12 将做法 11 放入挤花袋，从烤盘底部绕圈挤出。每一个都挤成立体半圆球状，放入烤箱烘烤。

13 烤好后的泡芙表面金黄酥脆。

14 卡仕达内馅装在挤花袋中，以挤花嘴直接戳进泡芙底部，挤入内馅。

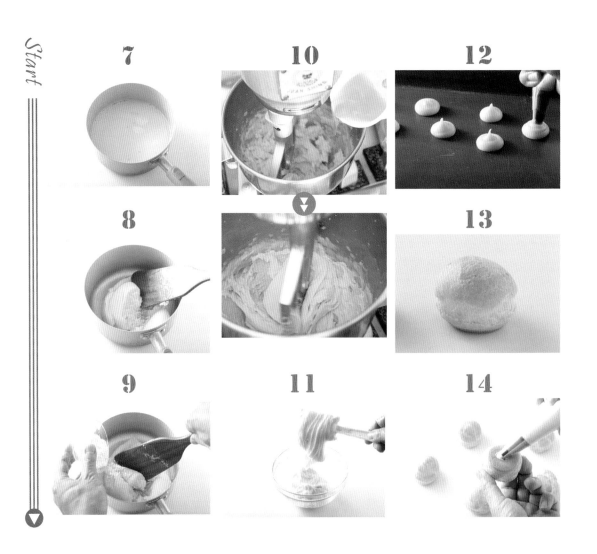

⓯ 隔水熔化白巧克力。

⓰ 取做法 14，圆面朝下，表面蘸取白巧克力。

⓱ 在做法 16 上撒上碎核果。

⓲ 小泡芙底部也蘸上白巧克力，让泡芙能稳固粘在起酥片上。

⓳ 将蘸满白巧克力的小泡芙沿着做法 5 起酥片外围，围出一圈。

⓴ 在泡芙与泡芙之间，用挤花嘴挤出巧克力慕斯即完成。

15 **18**

16 **19**

17 **20**

Q1 泡芙材料不能凝结成团，该怎么办?

答 再加入低筋面粉持续搅拌即可

泡芙材料中的奶油、水和牛奶，需要以小火一边搅拌一边煮滚，直到慢慢凝结成团。大家可以发现，这3样材料是由水和油组成的，其中水的分量会影响这个步骤能否成功。

如果水加得太多，那么这个步骤就会失败，怎样煮都不能成团，而会看起来水水的。

其实，只需要调入适量的低筋面粉即可。适量的低筋面粉可以吸收多余的水分，让原本水水的材料充分混合成团。

这个方式当然是补救的方式，最好一开始就加入适量的水，使煮好的材料混合成团。

泡芙面团太稀 **NG**　　　　泡芙面团太干太硬 **NG**

煮奶油、牛奶和水，因为水加太多，最后不能成团。

面粉放得太多，面团太干太硬，不能成团。

解决方法 加入适量低筋面粉

加入适量低筋面粉，吸收多余水分。

再稍微搅拌一下，即能成团。

解决方法 加入适量的水

只要加入适量的水即可。

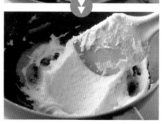

再持续搅拌就能改变面团质地，软硬适中。

Q2 | 为什么烤好的起酥片膨胀变形?

答 | 因为起酥片面团没有戳洞，或是烘烤起酥片时表面没有加压

起酥片面团有别于其他面团，它看起来是平整薄薄的一片，其实经过特殊配方和擀制的过程，里面充满多层次空气，烘烤的时候，面皮会受热而膨胀，面团层层叠叠不规则地膨起。这样烤好的起酥片也是成功的，但是却不是我们制作圣多诺黑所需要的平整起酥片。

要使烤好的起酥片不因为受热膨胀而变形，有两个方法：第一，先在起酥片上用叉子戳满小洞，这个动作能让热空气充分在小洞里分散，不至于挤压起酥片而导致变形。第二，烘烤的时候，先铺上一层烤盘纸，再加压一个烤盘，这个加压的动作，也可以避免起酥片在烘烤的过程中因膨胀而变形。

烘烤未加压膨胀变形 NG

起酥片放入烤箱前没有用另一个烤盘加压，结果烤出来的起酥片不但膨胀，而且还变形了。

未戳小洞而变形 NG

起酥片没有先戳洞再放入烤箱，导致烤后变形，不适用于圣多诺黑。

烤出外观平整的起酥片 OK

起酥片不但要事先戳满小洞，而且烘烤前要加压一个烤盘，所以烤好的起酥片形状平整。

 解决方法

在起酥片面团上戳洞

在起酥片面团上用叉子戳出小洞，使空气流通，这样烤好的起酥片就不会变形。

烘烤时加压

烘烤时加压一个烤盘，就可以使烤好的起酥片平整。

Q3 为什么烤出来的泡芙很小或是歪斜不正？

答 因为挤出泡芙面团时没掌握好，或是烘烤时没烤好

有时候烤出来的泡芙很小，或是歪斜不正，这些不合标准规格的泡芙，是因为在成形时没有做好。泡芙面团是软的，成形靠的是放入挤花袋中，把需要的形状"挤"出来，所以挤的动作很重要，会影响泡芙烤好的形状。

如果挤的面团不够多，泡芙烤好就会很小；相对的，如果面团挤得太多，泡芙烤好就会太大。此外，挤泡芙的手势若没有抓好，偏了或歪了，那么烤好的泡芙就会歪斜不正。泡芙成形完成后，如果放在不平整的地方，泡芙面团重心不稳，烤好的泡芙也会歪斜。

此外，烘烤时的温度也会影响泡芙膨胀的大小，如果温度太低，泡芙没有办法充分膨胀，那么烤出来的泡芙也会太小。

烤好的泡芙形状歪斜 　　　大小适中，形状完整

烤好的泡芙应该是由底部向上渐小渐圆的半圆球状，而烤失败的泡芙，就会变成歪斜的，看不出半圆球状。

太小　　　歪掉

烤好的泡芙应该是大小适中，内部可以填装足够的内馅。

解决方法 挤泡芙的技巧

挤泡芙时，应该把挤花嘴贴住烤盘表面，由中心向外绕圈填满，最后在中心点向上拉起。

Q4 | 为什么法式泡芙的馅料会流出来?

答 | 配方称错,液体原料过多,或是挤内馅错误

　　做好的泡芙外观看不出包覆的内馅,因为内馅的质地是柔软但不会流动的霜状,很容易定形。如果做好的泡芙内馅流出来,那就表示内馅调制得太稀。很有可能是在准备内馅材料时,把材料称错,液体的材料放得过多,所以调制好的馅料就会太稀,甚至水水的,吃不出口感和口味,那就是非常失败的作品。

　　另一个内馅流出来的原因,可能是挤内馅的方法不对。挤内馅是用挤花嘴戳开泡芙底部,直接挤入馅料。有些人可能把底部的洞捅得太大,所以挤进去的内馅就会溢出来。此外,填入泡芙的内馅太多、太满,导致内馅流出,也是有可能的。

泡芙内馅流出 **NG**　　**泡芙内馅没有流出** **OK**　　 解决方法

内馅质地太稀,或是挤内馅方法不对,都会导致内馅流出。

内馅调制成功,而且挤内馅的方法正确。

用挤花嘴直接戳进泡芙底部,再挤出适量的内馅。

Q5 | 为什么烤好的泡芙都焦掉了?

答 | 烤温设定得太高或烘烤时间太久

　　烤泡芙的步骤也是很重要的,因为泡芙充满层次,而且每一层都很薄,在这个前提下,如果烤的温度太高,或是烤的时间太久,就很容易把泡芙表面烤焦。所以烤泡芙面团时,一定要依照配方指示,控制好烤箱的时间和温度。

　　此外,每次烘烤时泡芙数量也要注意,因为在相同的温度和时间控制下,如果烤的泡芙太少,那么每一个泡芙都会承受更多的温度,这样烤好的泡芙也会变焦。

　　另外,每一个泡芙成形时,大小都要适中,如果泡芙太小,就会受热太多,这样烤好的泡芙也可能焦掉。

烤好的泡芙变焦 **NG**

烤箱温度太高和时间太长,或是泡芙成形太小等,都会使烤好的泡芙变焦。

烤好的泡芙呈金黄色 **OK**

掌握好烤箱的时间和温度,以及泡芙的大小和形状适当,就能烤出成功的泡芙。

 解决方法

❶ 掌握好烤箱的温度和时间。

❷ 挤出适当大小的泡芙,太小就容易变焦。

❸ 烤泡芙的数量适当,太少受热太多,也可能烤焦。

Chapter **4**

超完美甜点制作

这样做不失败!

145

Q6 为什么泡芙一出炉就扁掉，膨胀不起来了？

答 | 面团没有成形好、配方比例不对、烘烤途中开关烤箱等

面团成形是制作泡芙成功的关键，看似很简单的挤面团动作，其实都决定了烘烤面团能否成功。

挤面团时，是将面团贴着烤盘挤在烤盘表面，由中心点向外，以绕圆圈的方向施力，绕完第一层后，再向上绕第二层，然后准备"收口"。挤花嘴要回到中心点，然后向上拉提结束。最后向上拉提这个动作很重要，会把下层的面团也提拉上来，这样整个面团就会呈现向上延伸的结构，送入烤箱烘烤时，面团熟化的过程也会向上膨胀。

另一个烤好的泡芙会扁掉的原因，可能是配方比例不对，蛋液加太多，使面糊变稀，或搅拌面团时出错，以至于面团膨胀不起来。如果烘烤途中打开炉门，就会造成温度下降，使得遇热形成的水蒸气停止变化，烤出来的泡芙皮就有可能扁塌。

烤好的泡芙扁掉

如果在烘烤途中频频开关烤箱，很容易使泡芙扁塌。

烤好的泡芙完美立体

面团配方对，且成形方法正确，就能烤出成功的泡芙。

解决方法 面团必须成团

挤面团的技巧准确

注意面团制作过程与配方正确，且成形时的技术掌握好。

Q7 为什么烤好的泡芙又大又扁?

答 因为成形时面团太大，重力向下压，以及挤的方法不对

挤泡芙的时候，要特别注意挤的分量，还有挤的手势，这两者都会影响烤好的泡芙大小和口感。

首先，每一个泡芙面团需要的分量不能太多，适量即可，因为分量太多的面团会有重量，这样烘烤时，面团要膨胀很难，重量会把面团往下压扁。

另外，挤面团的手势一定要从中心点向外画圈，最后一定要在中心位置向上提拉起来，使整个泡芙面团是向上延伸的，千万不要把挤花嘴往下压。

只要确实掌握这两个技巧，就一定能烤出大小适中，且膨胀得很好看的泡芙。

Chapter 4
超完美甜点制作
这样做不失败！

泡芙烤得又大又扁 **NG**

成形时面团太大，挤的时候向下压，使烤好的泡芙变得又大又扁。

烤好的泡芙大小适中，膨胀均匀 **OK**

成形时面团量适中，挤的方法也正确，就能烤出完美的泡芙。

塔与派
Tart&Pie

常见的问题与解答

Q1 杏仁内馅无法混合均匀怎么办？

Q2 为什么塔皮容易烤到裂开？

Q3 为什么塔皮面团太软烂无法成形？

Q4 为什么派皮不容易烤熟，或吃起来太厚不容易咬？

Q5 面团不小心擀得太薄而裂开怎么办？

Q6 为什么烤好的派皮底部焦黑？

Q7 为什么烤好的派皮厚薄不均匀，形状也不完整？

糖渍香橙瑞可奶酪塔

糖香与奶香的巧妙交融

材料

塔皮

奶油	130g
糖粉	90g
全蛋	30g
杏仁粉	90g
低筋面粉	200g

香橙瑞可塔馅

瑞可塔奶酪	500g
糖粉	40g
康图橙酒	25g
葡萄干	80g
蜜渍橙丁	100g

DATA

烘烤时间	30 分钟
烘焙温度	上火 180℃ 下火 180℃

Start

1

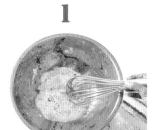

在钢盆中放入奶油与糖粉。

2

用打蛋器将做法 1 搅拌，直到成团。

3

在做法 2 中放入全蛋，继续搅拌均匀。

4

在做法 3 中放入低筋面粉与杏仁粉。

5

用刮板将面粉与其他材料一起拌匀，并使其成团。将面团放入冰箱松弛约 2 小时。

6

将松弛好的塔皮面团从冰箱取出，用擀面杖擀开。

7

将面团擀成约 0.3cm 厚度。

8

取圆形塔模，放在做法 7 面团上，切出圆形面团。

9

将多余的面团除去。

Chapter 4

超完美甜点制作

这样做不失败！

151

10

将每一个塔皮面团压入圆形塔模中。

11

用手指轻轻按压，使面团顺着塔模成形，并使其黏合。

12

用刮板切除多余的塔皮面团。

13

塔模塑形完成，放入烤箱烘烤。

14

香橙瑞可塔馅制作

在钢盆里放入瑞可塔干酪、糖粉、康图橙酒、葡萄干、蜜渍橙丁，一起用打蛋器搅拌均匀。

15

将完成的做法 14 用抹刀填入烤好的塔皮里。

16

将做法 15 内馅表面粘满红色糖粒，做最后装饰即完成。

罗勒鸡肉咸塔

变化款

地中海风味小咸点

材料		
塔皮	**罗勒鸡肉内馅**	
奶油 130g	洋葱 50g	
糖粉 90g	三色豆 100g	
全蛋 30g	鸡肉丁 100g	
杏仁粉 90g	罗勒 .... 少许	
低筋面粉 200g	奶酪丝 30g	
	黑胡椒粒 .... 少许	

DATA		
烘烤时间	30 分钟	
烘焙温度	上火 180℃ 下火 180℃	

Start

1

将罗勒、鸡肉丁、黑胡椒粒、紫洋葱、白洋葱和三色豆全部拌在一起。

2

将做法 1 馅料填入烤好的塔皮里（塔皮做法参考 P151 糖渍香橙瑞可奶酪塔）。

3

最后铺上奶酪丝，放入烤箱烘烤。

材料

塔皮

奶油	135g
糖粉	105g
全蛋	60g
杏仁粉	38g
可可粉	23g
低筋面粉	255g

巧克力内馅

鲜奶油	200g
苦甜巧克力	200g
奶油	20g

焦糖酱

白糖	150g
水	60g

DATA

烘烤时间	25 分钟
烘焙温度	上火 180℃
	下火 180℃

浓厚巧克力
与香甜焦糖
的甜美时光

焦糖巧克力塔

变化款

做法

❶ 将苦甜巧克力与奶油隔水加热熔化。

❷ 在做法 1 中慢慢加入鲜奶油，搅拌均匀。

❸ 搅拌至表面光滑，看得出光泽度，就是搅拌足够了。

❹ 在做法 3 中加入煮好的焦糖酱，继续搅拌，做成焦糖巧克力内馅。

❺ 用抹刀将焦糖巧克力内馅填入烤好的塔皮里（塔皮做法参考 P151 糖渍香橙瑞可奶酪塔）。

❻ 在完成填馅的做法 5 上装饰白色与咖啡色的巧克力即完成。

Start

1

3

6

2

4

5 填内馅

香甜苹果与
奶蛋香气的
交响曲

材料

派皮
奶油	131g
糖粉	87g
全蛋	22g
低筋面粉	218g

卡仕达内馅
卡仕达粉	80g
牛奶	200g
苹果	2 颗

DATA

烘烤时间	25 分钟
烘焙温度	上火 190℃
	下火 190℃

Start

Chapter **4**

超完美甜点制作

这样做不失败！

1

在钢盆中放入奶油与糖粉。

2

用打蛋器将做法 1 搅拌，直到成团。

3

在做法 2 中放入蛋液，继续搅拌均匀。

4

在做法 3 中放入低筋面粉。

5

用刮板将面粉与其他材料一起拌匀，并使其成团。

6

松弛

将面团放入冰箱里松弛 30 分钟后取出，用保鲜膜包覆起来，以双手将面团压平。

7

取擀面杖将做法 6 擀开成长方形。

8

将长方形面团横放，继续将面团擀平。

9

将派皮面团擀至约 0.3cm 的厚度。

10

取派模，将做法 9 面团覆盖于派模表面，用双手拇指将面团与派模压粘在一起。

11

将多余的派皮用刮板切除掉。

12

派皮完整成形。

13

用叉子在派皮底部戳洞，再放入烤箱里烘烤。

14

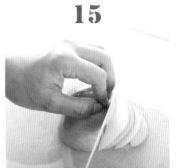

将烤好的派皮晾凉，冷却后再倒扣出来。

15

将苹果洗净、切片。

16

将苹果切片放置于柠檬水中，避免氧化变色。

17

在烤好的派皮底部，用抹刀填入卡仕达酱，并将表面抹平。

18

将做法 16 的苹果取出，一片一片平铺在卡仕达酱表面。

19

将苹果片铺满一整圈。

20

在苹果片表面刷上蛋液即完成。

材料

派皮
奶油	130g
糖粉	90g
全蛋	30g
低筋面粉	200g

杏仁内馅
奶油	125g
白糖	125g
全蛋	100g
杏仁粉	125g
菠萝片	150g

DATA
烘烤时间	35 分钟
烘焙温度	上火 180℃
	下火 180℃

气味酸香的
热带风味
甜点

烤菠萝派

变化款

做法

⬇ 从"苹果派"的做法 14 开始

❶ 在烤好的派皮底部，用抹刀填入杏仁内馅，并将表面抹平（杏仁内馅做法参考 P163）。

❷ 将菠萝片铺一圈在杏仁内馅表面。

❸ 用喷枪在菠萝片表面烤一下。

❹ 在做法 3 表面刷上蛋液，放入烤箱烘烤。

❺ 在烤好的菠萝派上加上覆盆莓、菠萝叶装饰。

Chapter
4
超完美甜点制作

这样做不失败！

Start

1

3

5

2

4

苦甜与酸
甜的华丽
味觉盛宴

材料

派皮
奶油	130g
糖粉	90g
全蛋	30g
低筋面粉	200g

巧克力内馅
苦甜巧克力	100g
鲜奶油	200g
草莓香甜酒	50g
樱桃	250g

杏仁内馅
奶油	125g
白糖	125g
全蛋	100g
杏仁粉	125g

DATA

烘烤时间	30分钟
烘焙温度	上火 180℃ 下火 180℃

巧克力樱桃圣托贝奶油派

变化款

Start ▶

🔻 从"苹果派"的做法 14 开始

1
使用杏仁馅

2

3

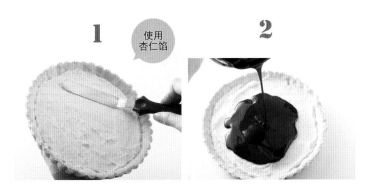

Chapter **4**

这样做不失败！超完美甜点制作

在烤好的派皮内填入杏仁内馅，表面抹平。

在做法 1 上倒入巧克力内馅。

在做法 2 上铺上泡过草莓香甜酒的樱桃即完成。

TIPS　　　　杏仁馅料制作教学

将奶油、白糖搅打至没有沙沙声，再加入杏仁粉打均匀。边搅拌边加入鸡蛋液，将所有材料搅拌至表面柔滑细致即完成。

Q1 杏仁内馅无法混合均匀怎么办?

答 持续轻拌至混合均匀

杏仁粉、白糖以及奶油，因为质地不同，搅拌时不容易融合在一起，因此必须花费更多时间与力气，持续搅拌这些材料，慢慢地将杏仁内馅混合在一起。

一开始搅拌时，必须花费较大的力气，才能使固态的粉类和奶油混合在一起，等到所有材料大致融合之后，搅拌就会比较省力，只要轻轻地顺着钢盆旋转滑动，就可以慢慢地将杏仁内馅搅拌好。

内馅搅拌不均匀 **NG**

杏仁内馅搅拌不均匀。这样的内馅不能使用。

内馅搅拌均匀 **OK**

持续轻轻搅拌，就可以将杏仁内馅搅拌柔滑。

Q2 为什么塔皮烘烤后容易裂开?

答 注意烘烤的温度和时间

一般来说，如果依照配方比例做好塔皮的面团，那么烤好的塔皮应该是完整的而不会裂开。如果是依照配方比例做出来的塔皮面团，烤好之后还是裂开，那么就要注意是不是烤箱温度没有调整好，或是烘烤的时间太久。烤箱设定的时间和温度不当，都有可能造成烤好的塔皮裂掉。

因为每一款烤箱的温度不相同，即使都依照配方温度设定，也可能烤出不同的结果，所以最好的方法还是要熟悉自己的烤箱，多尝试几次摆放在烤箱里不同的位置，以及温度和时间的掌控，慢慢抓住烤箱的特性，就不容易把塔皮烤裂了。

烤好的塔皮裂开 **NG**

因为烘烤时间太长或温度太高，而把塔皮烤裂了。

烤好的塔皮完整 **OK**

熟悉自己的烤箱，设定好恰当的烤箱温度和时间，就能烤出完美的塔皮。

Q3 为什么塔皮面团太软烂无法成形?

答 确认蛋液的比例是否正确

塔皮面团如果太湿,就会变得软烂,不好成形。

通常只要依照配方材料比例搅拌,塔皮面团都能成形,但有些人可能自行调整配方,或使用的鸡蛋较大、分量较重,就会使得面团过湿,太软烂而无法成形。

解决的方法有两种:一种是烘焙师写配方时,以鸡蛋克数取代鸡蛋个数,准确掌握蛋液的重量,就不会有蛋液比例过重的问题。另一种是,自行减少蛋液分量,就可以使面团成形。

面团软烂不成形 **NG**

如果蛋液放得太多,就会使面团太软而无法成形。

面团固态成形 **OK**

减少蛋液的分量,面团就会变得比较干,可以成形。

Q4 为什么派皮不容易烤熟,或吃起来太厚不容易咬?

答 派皮面团没有擀到足够的薄度

制作派皮面团,除了需要考察到酥脆度和香气之外,食用的口感也是非常重要的。好吃的派皮一口咬下,充满奶香的饼干口感只是点缀,不会抢走内馅主角的风采。所以制作派皮时,也要注意派皮的厚薄度,太薄的派皮烤后容易破掉,而太厚的派皮不容易烤熟、可能会烤焦,而且烤好也会太硬、不好咬,又容易抢走内馅的味道,这些都是不成功的派皮。

派皮最佳的厚度应该在 0.3 ~ 0.4cm,这样厚度的派皮吃起来不会太硬,而且也不容易破掉,所以擀面团的时候就要注意掌握这个厚度。

面团擀得太厚 **NG**

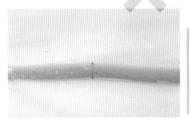

派皮擀得太厚,不容易烤熟,而且烤好吃起来也会太硬,不好咬。

面团擀出最佳厚度 **OK**

派皮面团的厚度应该掌握在 0.3 ~ 0.4cm,这样烤出来的派皮风味和口感最好。

Q5 | 面团不小心擀得太薄而裂开怎么办?

答 | 将面团重新聚合成团，重新擀平

烘焙新手擀派皮时，有时为了求好心切，不小心把面团擀得太薄，导致面团破裂，这时候就不要硬着头皮送进烤箱了，应该要把破掉的派皮重新聚合成团，再擀一遍。

但要注意的是，这样的补救方式不能次数太多，否则面团的质量会改变，烤好的派皮口感就不会那么酥脆好吃了。

面团太薄破裂 **NG**

派皮擀得太薄，以至于放入派模成形时，发生破裂。

💡 **解决方法**

从派模里取出破掉的面团。

▶▶

将面团聚合在一起，重新揉捏成团。

▶▶

用擀面杖擀成最佳厚度。

Q6 | 为什么烤好的派皮底部焦黑?

答 | 下火温度太高、放的位置太低，或是烤过头

烤好的派皮表面颜色呈均匀的金黄色，如果底部特别焦黑，则有可能是下火温度太高，或是烘烤时摆放的位置距离下火太近，导致在适当的温度和烘烤时间下，派皮底部还是烤得比较焦黑。

如果烤派的时间太长，底部是受热最直接的部分，温度上升得比上部还要快，所以底部可能已经焦黑，但是上部还是呈现金黄色。

要解决这个问题，除了掌握自家烤箱的温度之外，也需要多次尝试派皮烘烤时摆放在烤箱的位置，太低或太高都烤不出漂亮的派皮。除此之外，烘烤的时间不要过长，这是最基本的。

派皮底部焦黑 **NG**

因为派皮放在烤箱的位置太低、烤的时间过长，或下火温度太高，都容易烤出焦黑的底部。

派皮底部为金黄色 **OK**

派皮放在烤箱的位置适当、烘烤时间正确、下火温度适中，就会烤出上下呈均匀金黄色的派皮。

Q7 | 为什么烤好的派皮厚薄不均匀，形状也不完整？

答 | 派皮成形时没有压好，且施力不均匀

成形派皮是很重要的一个步骤，如果派皮成形得不好，烘烤时受热不均匀，有些地方会烤焦，有些地方会太薄，甚至碎掉，所以成形派皮时一定要均匀。

将擀好的派皮覆盖在派模上面之后，用手指轻轻地顺着派模的形状将派皮与派模贴合，力度要均匀，不可过度施力或没有将派皮贴合派模。派皮放在派模上的厚度，和派皮擀好的厚度必须一样，这样烤好的派皮才会好看。

派皮贴合好派模之后，用刀子切除多余的派皮，在底部戳些小洞，送进烤箱烘烤，就可以烤出漂亮的派皮。

厚薄度不均　　**NG**　　　　厚薄度均匀　　**OK**

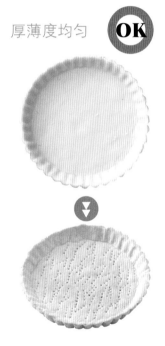

派皮成形不好，力度不均匀，烤出来的派皮就厚薄度不均、不好看。

派皮成形好，力度均匀，烤出来的派皮厚薄度均匀，很漂亮。

解决方法

用手指力量将面团和派模压粘在一起。

圣诞甜点
Christmas Dessert

常见的问题与解答

国王烘饼

Q1 为什么烤好的国王烘饼表面没有光泽，或表面烤焦？

Q2 为什么国王烘饼烤后变形？

法式苹果卷

Q1 面皮如果破掉了，该怎么办？

Q2 为什么法式苹果卷卷皮气孔太大？

Q3 为什么法式苹果卷的外皮吃起来很干？

Q4 为什么苹果内馅太湿？

Christmas Dessert
国王烘饼

节庆的
甜美滋味

材料		DATA	
奶油..........................100g	低筋面粉.....................110g	烘烤时间	16 ~ 18 分钟
白糖............................60g	无铝泡打粉..................1.5g	烘焙温度	上火 170℃
盐................................1g	杏仁粉.........................25g		下火 170℃
蛋黄............................60g			

Start

Chapter 4
超完美甜点制作
这样做不失败！

1

将奶油和白糖放在钢盆里，用打蛋器搅拌均匀。

2

做法 1 中加入无铝泡打粉，用刮板拌匀。

3

将做法 2 面团搅拌至表面光滑，无粉状颗粒。

4

在做法 3 中加入蛋黄、盐，继续搅拌。

5

在做法 4 中加入筛过的低筋面粉、杏仁粉，用刮板拌匀。

6

将完成的面团放入塑料带中。

7

用擀面杖将面团擀平，放入冰箱冷冻松弛约 2 小时。

8

取出松弛好的面团，用圆形模具分割面团。

9

除去模具边缘多余的面团。

10

拿开模具，在成形好的面团上刷上蛋液。

12

将圆形模具套回成形好的面团，送入烤箱烘烤。

11

用叉子在面团上刮出交叉纹路。

Q1 为什么烤好的国王烘饼表面没有光泽，或表面烤焦？

答 因为饼皮表面没有刷上蛋液，或烘烤时间太长

国王烘饼成形完成后，必须先刷上蛋液，再用叉子刮出纹路，最后这个步骤就可以使烤好的国王烘饼表面呈现金黄色的光泽。如果忽略了这个步骤，烤出来的国王烘饼就没有光泽。

我们所设计的国王烘饼大小约一个手掌大，其实体积很小，即使使用家用小烤箱也很容易烤熟，所以我们设计的烘烤温度及时间适中，如果担心没有烤熟，而进行烘烤温度和时间上加码，就很容易把国王烘饼烤到表面焦黑，而且吃起来会苦。

记得烘烤之前刷上蛋液，以及烘烤时掌握好温度和时间，就可以烤出漂亮的金黄色国王烘饼。

烤过头的国王烘饼表面焦黑

烘烤成功的国王烘饼，表面呈现漂亮的金黄色泽 **OK**

Q2 为什么国王烘饼烤后变形？

答 因为成形时没有划刀，烘烤时没使用模具

烘烤完成品呈短圆柱状，是国王烘饼的特色，因此国王烘饼的烤法有别于一般饼干，其实更类似于塔或派，就是必须用模具一边固定形状，一边烘烤。当我们把国王烘饼的面团成形完成之后，必须重新套入模具当中，再放入烤箱，就可以预防面团在烘烤过程中变形，而使得口感不佳，吃起来没有层次。

此外，成形时在面团上划线，也是一个重要的步骤，这个动作不但能使烤好的饼皮看起来漂亮，也会因为切开一点点面团，有点散热效果，而使面团在烘烤过程中不至于扭曲变形。

只要抓住以上两个重点，就能烤出形状漂亮的国王烘饼。

摊平变大，没有立体感，且表面没有漂亮的纹路 **NG**

烤好后仍是直立的短圆柱状，且表面有漂亮的纹路 **OK**

没有在面团表面划线，也没有套入模具烘烤，这样烤好的国王烘饼就会失败。

烘烤前有在面团表面划线，且烘烤时有套入模具中烘烤，这样烤好的国王烘饼就不会变形，是成功的短圆柱状。

Christmas Dessert
法式苹果卷

薄脆饼皮
覆盖的清
甜滋味

材料

高筋面粉	300g	美国 1/8 核桃	100g
沙拉油	25g	葡萄干	30g
水	180g	奶油	30g
苹果	3 颗	糖粉	适量

DATA

烘烤时间	20 ~ 30分钟
烘焙温度	上火 190℃ 下火 190℃

Start

1

将高筋面粉与水混合均匀。

2

加入奶油。将所有材料搅拌并揉捏成团。

3

取一大张保鲜膜拉平放在桌面上。

4

面团蘸取面粉。

5

用双手将做法 4 面团摊开。

6

从左右两端慢慢拉开。

7

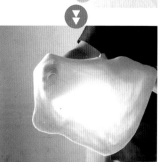

以手腕和手掌为支点，慢慢地将做法 6 面团左右上下撑开，拉扯面团，直到薄度能透光。

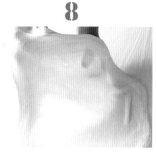

8

将面团摊开到够薄但不会破裂的程度后，平放在保鲜膜上。

Chapter
4

这样做不失败！
超完美甜点制作

175

9

使摊平的面团与保鲜膜贴合完整。

12

接着再加入葡萄干。

15

利用保鲜膜为支撑，将面皮卷着内馅包起。

10

苹果洗净切片。在平底锅中放一些色拉油加热后，放入切片的苹果，再加入奶油。

13

最后再加入核桃一起拌炒均匀。

16

拉着保鲜膜的一端，将包着内馅的面皮向前滚动卷起。

11

将苹果拌炒一下。

14

将炒好的做法 13，如图所示平铺在做法 9 的面皮上。

17

在黏合处刷上一点水，卷起收尾。

18

卷到尽头后将多余的面皮剪掉。

20

将做法 19 完成品放入烤箱，烘烤 15 ~ 20 分钟。

22

在盘上淋上一点鲜奶油。

折进去

19

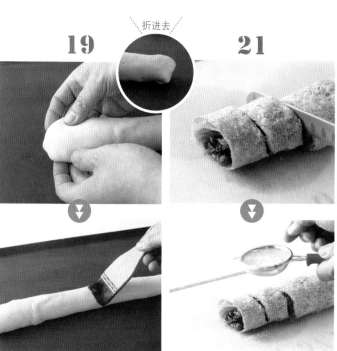

将做法 18 的苹果卷左右两端折进去收口。在成形的苹果卷表面刷上蛋液。

21

将烤好的苹果卷取出，切成适当大小，将糖粉用筛子过筛在苹果卷表面即完成。

23

再摆上苹果卷装盘完成。

Q1 面皮如果破掉了，该怎么办？

答 取边缘的小面团覆盖上去

　　法式苹果卷之所以好吃，重点就是其又薄又酥脆的外皮，而要把面皮摊得那么薄又透光，力度控制非常重要，一旦失手面皮就很容易破掉。所以做法式苹果卷，面皮破掉是很常见的事情，无须紧张。

　　但为了口感，也为了成功卷入苹果内馅，还是可以进行一些补救方法。其实很简单，就是取边缘比破洞略大的面皮，覆盖在破洞上，蘸一点水粘上去，就可以补救成功。

　　记得取的面团大小只要比破洞大一点即可，如果太大会加厚原本面皮的厚度，影响口感。

摊开的面团破掉了 NG

摊开面团过程中，因为施力不当、面团摊得太薄，破掉了。

 解决方法 取边缘比破洞略大的面皮补上

取面皮边缘比破洞略大的面皮，蘸一点水，粘在原本的破洞上。

Q2 为什么法式苹果卷卷皮气孔太大？

苹果卷外皮气孔太大 NG

答 卷馅料的过程中不够紧实

　　有时候烤出来的法式苹果卷，卷皮气孔太大，虽然看起来不会差很多，但会影响口感。这就是制作法式苹果卷特别需要注意的细微之处。

　　将苹果等馅料铺在面皮上之后，必须由外往内，将苹果内馅卷起，这时候一定要注意，面皮必须紧密贴合着馅料，包覆要扎实。卷第二层的时候，面皮也要紧密贴合第一层的面皮。卷好后的法式苹果卷，应该是结构紧实，没有松散的状况，这样烤好的法式苹果卷，气孔才会大小适中，口感也是最好的。

法式苹果卷的卷皮，因为包覆馅料过程中没有紧密贴合，所以烤好的饼皮气孔太大。

苹果卷外皮气孔大小适中 OK

法式苹果卷的卷皮，包覆馅料过程中紧密贴合，所以烤好的饼皮气孔大小适中。

Q3 为什么法式苹果卷的外皮吃起来很干?

答 烘烤的温度太高,或是烤得太久

做好的法式苹果卷虽然外皮多层次,但是因为面皮摊得非常薄,内馅也都已经炒好,所以烘烤时间不需要太长,就可以烤出漂亮的金黄色法式苹果卷。

烤成金黄色的法式苹果卷,吃起来外皮酥软,而且内馅湿润。如果烤的温度太高或是烤的时间过长,就会把表皮水分烤掉,结果不但外皮吃起来很干,而且内馅也会变得干涩难以入口。因此,烘烤的温度和时间必须恰当,不能烤过头,以免影响法式苹果卷的美味。

外皮吃起来太干 **NG**

法式苹果卷烘烤的时间太长,或是温度太高,就会把表皮的水分烤掉,使外皮吃起来太干硬。

外皮吃起来酥软 **OK**

法式苹果卷烘烤的时间和温度恰当,外皮吃起来就会酥软,内馅也很湿润顺口。

Q4 为什么苹果内馅太湿?

答 因为苹果炒得不够,含水分过多

生鲜苹果含有丰富的水分,而在拌炒过程中,水分会逐渐蒸散,糖分会聚集,所以炒得足够的苹果,会呈现出含糖分的金黄色泽,而且有点黏稠,这样的苹果内馅包覆到面皮里,也不会撑破面皮。

相对的,如果苹果炒得不够,其含水量过高,糖分也无法释出,这样铺放到面皮上,就会把饼皮弄湿,甚至弄破。

苹果必须炒得足够还有一个原因,那就是,炒得不够的苹果,还是生鲜坚硬的质地,包覆在柔软的面皮里,很容易把面皮撑破,但如果把苹果炒软,就没有这个问题。

苹果内馅太湿 **NG**

苹果所含的水分未充分释出,就会使烤好的法式苹果卷内馅太湿,有时会湿透面皮,或者将面皮撑破。

💡 解决方法

炒苹果内馅虽然不难,但记得一定要炒到苹果呈金黄色,且质地柔软,才可以将它包覆在面皮里,才不至于把面皮弄湿或撑破。

Chapter **4**

这样做不失败!

超完美甜点制作

巧克力
Chocolate

Chocolate
生巧克力

口感柔滑
香浓的精
致甜点

材料

苦甜巧克力 250g	奶油 75g
鲜奶油 225g	可可粉 20g
水麦芽饴 20g	

DATA

冷藏时间	2 小时

1

将苦甜巧克力放在钢盆中，隔水加热。

2

表面光滑

一边加热熔化，一边慢慢将苦甜巧克力拌至质地光滑。

3

在做法 2 中加入鲜奶油。

4

将熔化的苦甜巧克力与鲜奶油一起搅拌均匀。搅拌至提起搅拌棒时，附着其上的巧克力滑顺地流下来。

5

继续在做法 4 中加入奶油、水麦芽饴，并持续搅拌均匀。

6

将做法 5 完成的巧克力溶液倒入方形模具中。

7

倒入后，将模具上下敲一敲，接着放入冰箱冷藏。

8

取出刀子，用喷枪在刀表面加热，用加热过的刀来切，更不容易黏附上生巧克力。

Chapter **4**

超完美甜点制作

这样做不失败！

183

9

将做法 7 巧克力从冰箱中取出，用刀将凝固的巧克力切成等分的方体。

10

在切好的巧克力表面撒上可可粉，即可完成。

变化款

樱桃巧克力

白巧克力包
裹甜蜜樱桃
的喜悦

材料		DATA	
鲜奶油	100g	冷藏时间	1 小时
白巧克力	260g		
奶油	40g		
樱桃白兰地酒	30g		
新鲜樱桃	5 颗		

Start

1

3

2

4

5

❶ 将奶油与白巧克力一起隔水加热熔化、拌匀。

❷ 在做法 1 中加入鲜奶油，继续拌匀。

❸ 在做法 2 中加入樱桃白兰地酒搅拌均匀。

❹ 将新鲜樱桃洗净沥干，放入做法 3 白巧克力溶液里，使整颗新鲜樱桃包覆在白巧克力溶液里面。

❺ 将每一颗白巧克力樱桃放置在盘子上，放入冰箱冷藏 1 小时，即可取出食用。

材料

奶油 50g
苦甜巧克力 120g
鲜奶油 50g
白兰地酒 20g
防潮糖粉 .... 少许

DATA

冷藏时间	1 小时

气味清香、
口感浓郁的
巧克力
交响乐

Chocolate

白松露巧克力

做法

1. 将苦甜巧克力放入钢盆中，隔水加热。

2. 一边加热熔化，一边慢慢将苦甜巧克力拌至质地光滑。

3. 在做法 2 中加入鲜奶油。

4. 将熔化的苦甜巧克力与鲜奶油一起搅拌均匀。搅拌至提起搅拌棒时，附着其上的巧克力顺着流下来。

5. 继续在做法 4 中加入奶油和白兰地酒，并且搅拌均匀。

6. 在铁盘上铺上一层保鲜膜，将做法 5 的巧克力溶液倒入挤花袋里，由底部挤出再向上拉高，做出圆底尖头的巧克力球。

7. 将成形完成的巧克力球放入冰箱冷藏 1 小时。

8. 从冰箱取出巧克力，取防潮糖粉过筛，撒在巧克力上，即完成。

Start

1

2

3

4

5

6

7

8

材料

奶油............................ 20g
苦甜巧克力...................225g
鲜奶油 120g
水麦芽饴 25g
榛果粒 50g
可可粉 20g

DATA

冷藏时间　　1 ~ 2 小时

核果香气点
缀巧克力的
惊喜

Chocolate

榛果巧克力雪球

变化款

做法

▼ 从"生巧克力"的做法 5 开始

❶ 在铁盘上铺上一层保鲜膜，将巧克力溶液倒入挤花袋里，由底部挤出再向上拉高，做出圆底尖头的巧克力球。将成形完成的巧克力球，放入冰箱冷藏 1 ～ 2 小时。

❷ 从冰箱取出做法 1 巧克力，在每一颗巧克力顶端放上一颗榛果。

❸ 取可可粉过筛撒在做法 2 每一颗榛果巧克力表面，即完成。

Chapter
4

这样做不失败！
超完美甜点制作

Start

 **1**

 **2**

 **3**

材料

白糖 135g
水 45g
杏仁粒 400g
可可粉 20g

浑然天成的
杏仁清香与
巧克力浓郁
的绝配

Chocolate

杏仁巧克力

变化款

① 将白糖和水放入深锅中，加热煮成焦糖（焦糖煮法可参考 P109 法式焦糖布丁）。

② 将杏仁粒放入做法 1 锅中，与焦糖同煮。

③ 将杏仁粒与焦糖充分拌匀，使每一颗杏仁粒都裹上焦糖。

④ 将做法 3 离火，用筛子撒上可可粉，使可可粉与沾满焦糖的杏仁粒充分混合。

⑤ 将做法 4 杏仁巧克力盛盘，即完成。

Chapter

4

超完美甜点制作

这样做不失败！

Start

1

2

3

4

5

图书在版编目（CIP）数据

成功vs失败完美甜点制作书 / 黄东庆，徐军兰，姜志强，高珮容著. — 沈阳：辽宁科学技术出版社，2018.4
ISBN 978-7-5591-0619-3

Ⅰ.①成… Ⅱ.①黄… ②徐… ③姜… ④高… Ⅲ.①甜点 – 制作 Ⅳ.①TS972.134

中国版本图书馆CIP数据核字(2018)第016597号

出版发行：辽宁科学技术出版社
　　　　　（地址：沈阳市和平区十一纬路25号 邮编：110003）
印 刷 者：辽宁新华印务有限公司
经 销 者：各地新华书店
幅面尺寸：170mm×240mm
印　　张：12
字　　数：200千字
出版时间：2018年4月第1版
印刷时间：2018年4月第1次印刷
责任编辑：朴海玉
封面设计：魔杰设计
版式设计：袁　舒
责任校对：徐　跃

书　　号：ISBN 978-7-5591-0619-3
定　　价：49.80元
邮购热线：024-23284502
编辑电话：024-23284367